JEC-2330：2017 目次

目　次

ページ

序文 ……………………………………………………………………………………………………… 1
1　概要 ………………………………………………………………………………………………… 1
　1.1　適用範囲 ……………………………………………………………………………………… 1
　1.2　引用規格 ……………………………………………………………………………………… 1
2　使用状態 …………………………………………………………………………………………… 1
　2.1　常規使用状態 ………………………………………………………………………………… 1
　2.2　特殊使用状態 ………………………………………………………………………………… 1
3　用語の意味 ………………………………………………………………………………………… 2
　3.1　種類 …………………………………………………………………………………………… 2
　3.2　構成部品 ……………………………………………………………………………………… 2
　3.3　定格 …………………………………………………………………………………………… 3
　3.4　特性 …………………………………………………………………………………………… 3
　3.5　試験 …………………………………………………………………………………………… 4
4　定格及び特性 ……………………………………………………………………………………… 5
　4.1　総則 …………………………………………………………………………………………… 5
　4.2　定格電圧 ……………………………………………………………………………………… 5
　4.3　（ヒューズホルダの）定格耐電圧 …………………………………………………………… 6
　4.4　定格周波数 …………………………………………………………………………………… 7
　4.5　定格電流 ……………………………………………………………………………………… 7
　4.6　温度上昇限度 ………………………………………………………………………………… 8
　4.7　遮断電流 ……………………………………………………………………………………… 8
　4.8　動作過電圧限度 ……………………………………………………………………………… 9
　4.9　固有過渡回復電圧 …………………………………………………………………………… 10
　4.10　時間-電流特性 ……………………………………………………………………………… 11
　4.11　繰返し過電流特性 …………………………………………………………………………… 13
　4.12　最小溶断 I^2t ………………………………………………………………………………… 13
　4.13　限流特性 ……………………………………………………………………………………… 13
　4.14　最大動作 I^2t ………………………………………………………………………………… 14
5　設計，構造及び性能 ……………………………………………………………………………… 14
　5.1　ヒューズの動作に関する一般要件 ………………………………………………………… 14
　5.2　表示事項 ……………………………………………………………………………………… 14
　5.3　明示事項 ……………………………………………………………………………………… 15
6　形式試験 …………………………………………………………………………………………… 15
　6.1　試験実施条件 ………………………………………………………………………………… 15
　6.2　形式試験一覧 ………………………………………………………………………………… 16
　6.3　共通事項 ……………………………………………………………………………………… 16
　6.4　構造点検 ……………………………………………………………………………………… 16

6.5	抵抗測定	16
6.6	開閉試験（断路形ヒューズのみ）	16
6.7	耐電圧試験	16
6.8	温度上昇試験及びワット損試験	17
6.9	遮断試験	18
6.10	溶断特性試験	27
6.11	許容時間–電流特性試験	28
6.12	繰返し過電流試験	29
6.13	EMC（電磁両立性）	30
7	ルーチン試験	30
7.1	ルーチン試験一覧	30
7.2	構造点検	30
7.3	抵抗測定	30
7.4	開閉試験（断路形ヒューズのみ）	30
7.5	商用周波耐電圧試験	30
8	参考試験	31
8.1	一般	31
8.2	参考試験項目	31
8.3	熱衝撃試験	31
8.4	防水試験	31
附属書A（参考）適用指針		32
A.1	目的	32
A.2	総則	32
A.3	ヒューズの適用上注意すべき事項	32
A.4	適用一般	34
附属書B（規定）標高1 000 mを超える場合の耐電圧と温度上昇		44
附属書C（規定）過渡回復電圧規約値の決定法		45
C.1	過渡回復電圧の求め方	45
C.2	単一周波の波形の場合	45
C.3	指数関数波形の場合	45
附属書D（参考）ヒューズと回路の固有過渡回復電圧		47
D.1	ヒューズと回路の固有過渡回復電圧	47
D.2	限流ヒューズの試験系列1と回路の固有過渡回復電圧	47
D.3	限流ヒューズの試験系列2と回路の固有過渡回復電圧	48
D.4	非限流ヒューズの試験系列1と回路の固有過渡回復電圧	48
附属書E（参考）溶断特性のバーチャル時間表示		50
附属書F（参考）許容時間–電流特性		51
附属書G（参考）繰返し過電流特性		52
附属書H（参考）I^2tの求め方		53
H.1	溶断時間が10サイクル以上の場合の溶断I^2t	53

H.2	溶断時間が 1.5 サイクル以上 10 サイクル未満の場合の溶断 I^2t	54
H.3	溶断時間が 1.5 サイクル未満の場合の溶断 I^2t	54
H.4	動作 I^2t	55
H.5	電流波形が直線で近似できる場合	56
附属書 I （参考）ヒューズ試験報告書		57
I.1	試験報告書の例	57
I.2	ヒューズ試験報告書記入方法	63
附属書 J （参考）限流ヒューズの遮断試験系列		65
附属書 K （参考）遮断試験における商用周波回復電圧		66
附属書 L （参考）発弧瞬時電流の求め方		67
附属書 M （参考）限流ヒューズの遮断試験における投入位相角と発弧位相角		68
附属書 N （参考）投入位相角の決定法		69
附属書 O （参考）I_t 試験の有効性判定の基準		70
O.1	一般事項	70
O.2	遮断の動作	70
附属書 P （規定）波形の狂い率決定法		71
P.1	波形の狂い率の求め方	71
P.2	直角座標からの求め方	71
P.3	極座標からの求め方	71
附属書 Q （規定）力率の決定方法		73
Q.1	直流分から求める方法	73
Q.2	回路定数から求める方法	74
Q.3	パイロット発電機による方法	75
附属書 R （参考）非限流ヒューズの遮断試験系列		76
参考文献		77
解説		78

まえがき

この規格は，一般社団法人電気学会（以下"電気学会"とする）ヒューズ標準化委員会において 2013 年 2 月に改正作業に着手し，慎重審議の結果，2017 年 7 月に成案を得て，2017 年 11 月 28 日に電気規格調査会規格委員総会の承認を経て制定した，電気学会 電気規格調査会標準規格である。これによって，**JEC-2330**-1986 は改正され，この規格に置き換えられた。

この規格は，電気学会の著作物であり，著作権法の保護対象である。

この規格の一部が，知的財産権に関する法令に抵触する可能性があることに注意を喚起する。電気学会は，知的財産権に関わる確認について，責任をもたない。

この規格と関係法令に矛盾がある場合には，関係法令の遵守が優先される。

電気学会 電気規格調査会標準規格

JEC 2330 : 2017

電力ヒューズ
Power fuses

序文
この規格は，電力ヒューズに関する使用状態，定格，絶縁，通電などについて規定したものである。
この規格に対応する IEC 規格は IEC 60282-1 である。

1 概要
1.1 適用範囲
この規格は，周波数 50 Hz 又は 60 Hz の公称電圧 3.3 kV 以上の三相回路に使用する電力ヒューズに適用する。

- 注記 1　単相回路への適用は，**附属書 A.4.3** を参照のこと。
- 注記 2　この規格は，気中で使用するヒューズに適用する。また，高圧カットアウトには適用しない。
- 注記 3　この規格によるヒューズの遮断性能は，回路力率が遅れ力率の場合のみを考慮している。
- 注記 4　この規格では，中性点非接地の三相回路におけるヒューズの電源側と負荷側での異相地絡時の遮断性能，及び一線地絡時の充電電流の遮断性能は，考慮していない（**附属書 A.4.3** 参照）。

1.2 引用規格
次に掲げる規格は，この規格に引用されることによって，この規格の規定の一部を構成する。この引用規格は，記載の年の版を適用し，その後の改正版（追補を含む）は適用しない。

JEC-213-1982	インパルス電圧電流測定法
JEC-0102-2010	試験電圧標準
JEC-0201-1988	交流電圧絶縁試験
JEC-0202-1994	インパルス電圧・電流試験一般

2 使用状態
2.1 常規使用状態
この規格では，次の使用状態を全て満足する場合を常規使用状態とし，特に指定されない限り，ヒューズはこの状態で使用されるものとする。

a) 標高 1 000 m 以下[1]の場所
b) 周囲温度が最高 +40 ℃，最低 −20 ℃の範囲を超えない場所
c) **2.2 b)** 以降に該当しない場所

注[1]　標高 1 000 m を超える場所で使用される電力ヒューズの試験及び適用については，**附属書 B** による。

2.2 特殊使用状態
この規格では，次のいずれかに該当する使用状態を特殊使用状態とする。この使用状態の場合は，特に指定しなければならない。

a) 標高又は周囲温度が **2.1** に定める使用状態以外の場所
b) 潮風を受けることの著しい場所
c) 常時湿潤な場所

d) 過度の水蒸気又は過度の油蒸気のある場所
e) 爆発性・可燃性その他有害なガスのある場所及び同ガスの襲来のおそれのある場所
f) 過度のじんあいのある場所
g) 異常な振動又は衝撃を受ける場所
h) 氷雪の特に多い場所
i) 以上のほか，特殊な条件のもとで使用する場合

注記　特殊使用状態は，従来，使用者が購入のたびに指定していたものであり，その内容も一応常識化されたものである。しかし，その状態の程度には画然とし難いものもあるので，その仕様については必要に応じ当事者間で協議することを推奨する。

3 用語の意味

この規格で使用する用語の意味を次に示す。ただし，電気学会電気専門用語集 No.10（ヒューズ）に定義されているものについては，その番号だけを記す。

3.1 種類

3.1.1
限流ヒューズ（current-limiting fuse）（2.02）

3.1.2
非限流ヒューズ（non-current-limiting fuse）（2.03）

3.1.3
断路形ヒューズ（fuse-disconnector）（2.20）

3.2 構成部品

3.2.1
ヒューズリンク（fuse-link）（1.02）

3.2.2
ヒューズホルダ（fuse-holder）（1.06）

3.2.3
ヒューズエレメント（fuse-element）（1.03）

3.2.4
同形ヒューズリンク（homogeneous fuse-link）（1.05）

3.2.5
再用ヒューズリンク（renewable fuse-link）（1.04）

3.2.6
有機ヒューズリンク（organic fuse-link）

ヒューズの動作後に過度の漏れ電流の原因となり得る有機材料（炭素含有物）をかなりの割合で含むヒューズリンク。

3.2.7
表示器（ヒューズの）（indicating device [of a fuse]）（3.20）

3.2.8
ストライカ（striker）（3.22）

3.2.9
ヒューズ外筒

再用ヒューズのヒューズリンクの動作後，再用できる絶縁筒部分。

3.3 定格

3.3.1
定格電圧（rated voltage）

規定条件のもとで，そのヒューズに課することができる使用回路電圧の上限。相間電圧の実効値で表す。

3.3.2
定格電流（rated current）

規定した温度上昇限度及び最高許容温度を超えないで，そのヒューズへ連続して通じることができる商用周波電流の限度。

3.3.3
定格周波数（rated frequency）

ヒューズが規定の条件に適合するように設計された周波数。

3.3.4
定格遮断電流（rated breaking current）（4.42）

3.3.5
最小遮断電流（minimum breaking current）（4.44）

3.3.6
定格耐電圧（rated withstand voltage）（4.66）

3.4 特性

3.4.1
溶断（fusion）（4.23）

3.4.2
溶断時間（pre-arcing time）（4.29）

3.4.3
動作時間（operating time）（4.35）

3.4.4
許容時間（permissible time）（4.14）

3.4.5
バーチャル時間（virtual time）（4.09）

3.4.6
時間−電流特性（ヒューズの）（time-current characteristic [of a fuse]）（4.12）

3.4.7
溶断特性（溶断時間−電流特性）（pre-arcing time-current characteristic）（4.30）

3.4.8
動作特性（動作時間−電流特性）（operating time-current characteristic）（4.36）

3.4.9
許容時間−電流特性（permissible time-current characteristic）（4.15）

3.4.10
繰返し過電流特性（overload characteristic）（4.17）

3.4.11
I^2t（Joule-integral [I^2t]）（4.68）

3.4.12
溶断 I^2t（pre-arcing Joule-integral [pre-arcing I^2t]）（4.69）

3.4.13
動作 I^2t（operating Joule-integral [operating I^2t]）（4.71）

3.4.14
最大動作 I^2t（maximum operating Joule-integral [maximum I^2t]）（4.72）

3.4.15
限流値（ヒューズの）（cut-off current [let-through current] [of a fuse]）（4.47）

3.4.16
限流特性（ヒューズの）（cut-off current characteristic [let-through characteristic] [of a fuse]）（4.48）

3.4.17
動作過電圧（switching voltage）（4.37）

3.5　試験

3.5.1
ワット損（ヒューズリンクの）（power dissipation [in a fuse-link]）（4.20）

3.5.2
固有電流（ヒューズが接続されている回路の）（prospective current [of a fused circuit]）（4.05）

3.5.3
固有遮断電流（ヒューズの）（prospective breaking current [of a fuse]）（4.08）

3.5.4
回復電圧（ヒューズの）（recovery voltage [of a fuse]）（4.56）

3.5.5
商用周波回復電圧（power frequency recovery voltage）（4.64）

3.5.6
過渡回復電圧（ヒューズの）（transient recovery voltage [TRV] [of a fuse]）（4.57）

3.5.7
固有過渡回復電圧（prospective TRV）（4.63）

3.5.8
力率（試験回路の）（power factor [of a test circuit]）（4.77）

3.5.9
アーク時間（arcing time）（4.51）

3.5.10
投入位相角（making angle）（4.79）

3.5.11
発弧位相角（arc-initiation angle）（4.80）

3.5.12
百分率直流分（percentage direct current component）
発弧瞬時の固有電流において直流分の交流分振幅に対する比を百分率で示したもの。

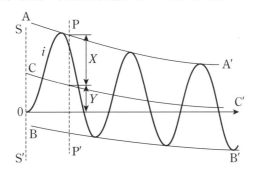

- i：固有電流
- SS′：短絡瞬時
- AA′：電流波の包絡線
- BB′：電流波の包絡線
- CC′：AA′及びBB′間の縦軸に平行な距離の等分線
- PP′：発弧瞬時
- X：固有電流の交流分振幅
- Y：固有電流の直流分振幅

$$\text{百分率直流分} = \frac{Y}{X} \times 100\ (\%)$$

図1－百分率直流分

4 定格及び特性
4.1 総則
a) ヒューズホルダの定格
  1) 定格電圧（**4.2**）
  2) 定格電流（**4.5**）
  3) 定格耐電圧（**4.3**）
b) ヒューズリンクの定格
  1) 定格電圧（**4.2**）
  2) 定格電流（**4.5**）
  3) 定格遮断電流（**4.7.1**）
  4) 定格周波数（**4.4**）
c) ヒューズの特性
  1) 温度上昇限度（**4.6**）
d) ヒューズリンクの特性
  1) 動作過電圧限度（**4.8**）
  2) 時間–電流特性（**4.10**）
  3) 限流特性（**4.13**）
  4) 最小溶断 I^2t（**4.12**）
  5) 最大動作 I^2t（**4.14**）
  6) 最小遮断電流（**4.7.2**）
  7) 繰返し過電流特性（**4.11**）

4.2 定格電圧
ヒューズの定格電圧は，**表1**の値を標準とする。

表1 — 定格電圧標準値

単位 kV

定格電圧						
3.6	7.2	12	24	36	72	84

4.3 （ヒューズホルダの）定格耐電圧

4.3.1 対地耐電圧

ヒューズホルダの対地耐電圧は，**表2**の値を標準とする。

表2 — ヒューズホルダの対地耐電圧の標準値

単位 kV

定格電圧	対地耐電圧	
	雷インパルス[a]	商用周波（実効値）[b]
3.6	30	10
	45	16
7.2	45	16
	60	22
12	75	28
	90	
24	75	38
	100	50
	125	
	150	
36	150	70
	170	
	200	
72	250	115
	350	140
84	325	140
	400	160

注記1 屋内用のものは乾燥状態のみ，屋外用のものは乾燥・注水の両状態が適用される。
注記2 標高1 000 mを超える場所に使用されるヒューズの耐電圧を通常の標高の場所で試験する場合は，**附属書B**による。
注[a] 雷インパルスは，**JEC-0202**による標準波形（±1.2/50 µs）の単極性全波電圧とする。雷インパルス耐電圧の印加回数は，正負極性別に各々3回とする。
[b] 商用周波耐電圧の印加時間は，乾燥1分間，注水10秒間とする。

4.3.2 異相主回路間の耐電圧

異相主回路間の耐電圧は，原則として**表2**に示す対地耐電圧の値を標準とする。

4.3.3 断路形ヒューズの開路時の同相主回路端子間の耐電圧

断路形ヒューズの開路時の同相主回路端子間の耐電圧は，**表3**の値を標準とする。

表3 — 断路形ヒューズの開路時の同相主回路端子間の耐電圧の標準値

単位 kV

定格電圧	耐電圧	
	雷インパルス [a]	商用周波（実効値）[b]
3.6	35	19
	52	
7.2	52	25
	70	
12	85	32
	105	
24	85	44
	115	60
	145	
	175	
36	175	80
	195	
	230	
72	285	130
	400	160
84	375	160
	460	185

注記1　屋内用のものは乾燥状態のみ，屋外用のものは乾燥・注水の両状態が適用される。
注記2　標高1 000 mを超える場所に使用されるヒューズの耐電圧を通常の標高の場所で試験する場合は，**附属書B**による。
注記3　この表は，**JEC-2310**，**JEC-2390**に合わせて定め，その協調を図ることとした。
注 [a]　雷インパルスは，**JEC-0202**による標準波形（±1.2/50 μs）の単極性全波電圧とする。雷インパルス耐電圧の印加回数は，正負極性別に各々3回とする。
[b]　商用周波耐電圧の印加時間は，乾燥1分間，注水10秒間とする。

4.4 定格周波数

定格周波数は，50 Hz，60 Hz又は50/60 Hzを標準とする。

4.5 定格電流

ヒューズリンク及びヒューズホルダの定格電流は，**表4**の値及び**表5**のR10数列の値を標準とする。

表4 — ヒューズリンク及びヒューズホルダの定格電流標準値

単位 A

定格電流標準値									
1	1.5	3	5	7.5	10	15	20	30	40
50	60	75	100	150	200	250	300	400	

表5 — ヒューズリンク及びヒューズホルダの定格電流標準値（**R10数列**）

単位 A

定格電流標準値									
1	1.25	1.6	2	2.5	3.15	4	5	6.3	8

注記1　**表5**の値の10の自然数乗倍の値も標準として認められる。
注記2　**表4**と**表5**にわたって選定してもよい。
注記3　400 Aを超える値は，**表5**の値の10の自然数乗倍の値［例えば500 A（5×10^2）］より選定

4.6 温度上昇限度

ヒューズは，劣化することなく，かつ表6に示す温度上昇限度を超えることなく定格電流を連続的に流すことができなければならない。

組み合わせる接触面が異なった種類の材質の場合，最高許容温度及び温度上昇限度は次のとおりである。

a) ボルト締め接触部及び端子については，表6の最高許容温度の高い値を適用する。
b) ばね加圧接触部については，表6の最高許容温度の低い値を適用する。

表6 ― 部品と材質に対する温度及び温度上昇の限度

(基準周囲温度 40℃)

測定箇所及び種別			最高許容温度 ℃	温度上昇限度 K
ヒューズリンク接触部	ばね加圧[a]	銅又は黄銅接触	75	35
		すず接触	95	55
		銀又はニッケル接触	105	65
	ボルト締め	銅又は黄銅接触	90	50
		すず接触	105	65
		銀又はニッケル接触	115	75
主回路端子接続部		銅又は黄銅接続	90	50
		すず接続	105	65
		銀又はニッケル接続	105	65
ヒューズリンクの絶縁部分		耐熱クラス A	105	65
		耐熱クラス E	120	80
		耐熱クラス B	130	90
		耐熱クラス F	155	115
		耐熱クラス H	180	140
		耐熱クラス 200	200	160
		耐熱クラス 220	220	180
		耐熱クラス 250	250	210

注記1 表6によらないめっきを行う場合の接触部温度は，その材料の特性を考慮する。
注記2 標高1 000 mを超える場所に使用されるヒューズの温度上昇試験を通常の標高の場所で行う場合，又は定格電流を補正して使用する場合は，附属書Bによる。
注記3 小さなケースや密閉ケースに収納される場合は，その設置状態で，最大負荷電流通電時の各部の温度は，表6の最高許容温度以内とする。
注記4 周囲温度が40℃を超える場所で使用される場合の温度上昇限度は，規定の値から40℃を超えた部分を減じた値とする。
注[a] ばねの温度又は温度上昇は，金属の弾性に変化を起こさない範囲内とする。

4.7 遮断電流

4.7.1 定格遮断電流

ヒューズリンクの定格遮断電流は，表7の値を標準とする。

表7 — 定格遮断電流標準値

定格電圧 kV	定格遮断電流 kA						
3.6		16		25		40	
7.2	12.5		20	25	31.5	40	63
12				25		40	50
24	12.5		20	25		40	50	63
36	12.5	16		25	31.5	40	50
72			20	25	31.5	40	
84			20	25	31.5		

4.7.2 最小遮断電流

ヒューズリンクの最小遮断電流は，製造業者が提示した値とし，それに対応する動作時間を併記する。

4.8 動作過電圧限度

全ての試験責務での（ヒューズ）動作中の動作過電圧は，**表8**及び**表9**に示す数値を超えてはならない。

表8 — 動作過電圧限度

単位 kV

定格電圧	動作過電圧限度
3.6	12
7.2	23
12	38
24	75
36	112
72	226
84	263

表9 — 小定格電流（3.2 A 以下）のヒューズリンクの動作過電圧限度

単位 kV

定格電圧	動作過電圧限度 [a]
3.6	26
7.2	36
12	50
24	85
36	120

注 [a] 動作過電圧値は 200 μs を超えない範囲においては**表8**に示す限界を超えてもよい。ただし，**表9**に示す限界を超えてはならない（**図2**参照）。

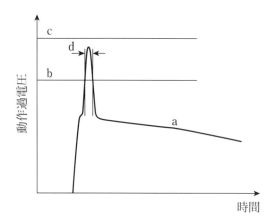

a：動作電圧カーブ
b：動作過電圧限度－表8
c：動作過電圧限度－表9
d：200 µs 以内

図2－小定格電流のヒューズリンクの動作過電圧限度（表9）

4.9 固有過渡回復電圧

限流ヒューズの試験系列1，2及び非限流ヒューズの試験系列1の試験に際しては，試験回路の固有過渡回復電圧の波形のパラメータをその測定波形から**附属書C**に示す方法によって求め，これを記録する。

パラメータの測定に際しては，低電圧電源を使用してもよい。波形は，**表10～表12**に示された値を標準とする（**附属書D**参照）。

表10－限流ヒューズの試験系列1の試験回路の固有過渡回復電圧標準値

定格電圧 U_r kV	波高値[a] u_c kV	規約上昇率 u_c/t_3 kV/µs	規約波高時間 t_3 µs	遅れ時間 t_d µs
3.6	6.2	0.16	39	5
7.2	12.3	0.32	39	5
12	20.6	0.40	51	5
24	41	0.50	82	10
36	62	0.60	103	10
72	132	0.75	176	15
84	154	0.75	205	15

注[a] 表中の u_c を求める計算式は次のとおりである。
定格電圧 3.6～36 kV：$u_c = 1.4 \times \sqrt{2} \times (1.5/\sqrt{3}) \times U_r$
定格電圧 72 kV 及び 84 kV：$u_c = 1.5 \times \sqrt{2} \times (1.5/\sqrt{3}) \times U_r$

表 11 — 限流ヒューズの試験系列 2 の試験回路の固有過渡回復電圧標準値

定格電圧 U_r kV	波高値[a] u_c kV	規約上昇率 u_c/t_3 kV/μs	規約波高時間[b] t_3 μs
3.6	6.6	0.055 ～ 0.041	120 ～ 160
7.2	13.2	0.084 ～ 0.063	156 ～ 208
12	22	0.122 ～ 0.091	180 ～ 240
24	44	0.167 ～ 0.125	264 ～ 352
36	66	0.203 ～ 0.152	324 ～ 432
72	132	0.265 ～ 0.196	498 ～ 672
84	154	0.273 ～ 0.205	564 ～ 752

注 [a] 表中の u_c を求める計算式は次のとおりである。
$u_c = 1.5 \times \sqrt{2} \times (1.5/\sqrt{3}) \times U_r$

[b] 定格電流が著しく小さいヒューズリンクの試験の際には，特別な手段を講じない限り，波高時間が標準値を著しく超える場合がある。しかし，製造業者の同意があれば，これらの値を特に調整する必要はない（**附属書 D** 参照）。

表 12 — 非限流ヒューズの試験系列 1 の試験回路の固有過渡回復電圧標準値

定格電圧 U_r kV	波高値[a] u_c kV	規約上昇率 u_c/t_3 kV/μs	規約波高時間 t_3 μs	遅れ時間 t_d μs
3.6	7.1	0.16	45	5
7.2	14.2	0.32	45	5
12	23.8	0.40	59	5
24	47.5	0.50	95	10
36	71.3	0.60	119	10
72	143	0.75	191	15
84	166	0.75	222	15

注 [a] 表中の u_c を求める計算式は次のとおりである。
$u_c = 1.4 \times \sqrt{2} \times U_r$

4.10 時間–電流特性

時間–電流特性は，両対数方眼紙を用いて，電流を横軸，時間を縦軸として表示する。

4.10.1 溶断特性

ヒューズの種類には，G（一般用），T（変圧器用），M（電動機用），C（リアクトルなしコンデンサ用）及び LC（リアクトル付きコンデンサ用）の別があり，これらの溶断特性は，**表 13** に従うこと。

特性は，平均値で表し，そのばらつきは，電流座標で±20 ％を超えないものとする。溶断時間は，バーチャル時間（**附属書 E** 参照）を用い，0.01 秒から最小遮断電流に対応する動作時間まで表示する。

ただし，最小遮断電流に対応する動作時間が 600 秒以下の場合は，600 秒まで表示する。

最小遮断電流に対応する動作時間を超える部分は，破線で表示する（**図 3**，**図 4** 参照）。

表 13 — 溶断特性

ヒューズの種類	溶断特性 [a]				
	不溶断電流	I_{f7200}/I_r	I_{f60}/I_r	I_{f10}/I_r	$I_{f0.1}/I_r$
G（一般用）	定格電流の1.3倍の電流で2時間以内に溶断しないこと。	$I_{f7200}/I_r \leq 2$	—	$2 \leq I_{f10}/I_r \leq 5$	$7(I_r/100)^{0.25} \leq I_{f0.1}/I_r \leq 20(I_r/100)^{0.25}$
T（変圧器用）		—	—	$2.5 \leq I_{f10}/I_r \leq 10$	$12 \leq I_{f0.1}/I_r \leq 25$
M（電動機用）		—	—	$6 \leq I_{f10}/I_r \leq 10$	$15 \leq I_{f0.1}/I_r \leq 35$
C（リアクトルなしコンデンサ用）	定格電流の2倍の電流で2時間以内に溶断しないこと。	—	$I_{f60}/I_r \leq 10$	—	—
LC（リアクトル付きコンデンサ用）		—	$I_{f60}/I_r \leq 10$	—	—

注 [a] I_{f7200}：2時間溶断電流（平均値）
　　I_{f60}：60秒溶断電流（平均値）
　　I_{f10}：10秒溶断電流（平均値）
　　$I_{f0.1}$：0.1秒溶断電流（平均値）
　　I_r：定格電流

4.10.2 動作特性

動作特性は，動作時間の最大値を表示する。動作時間は，バーチャル時間を用い，0.01秒から最小遮断電流に対応する動作時間まで表示する。ただし，最小遮断電流に対応する動作時間が，600秒以下の場合は，600秒まで表示する。最小遮断電流に対応する動作時間を超える部分は，破線で表示する（**図3，図4**参照）。

4.10.3 許容時間-電流特性

ヒューズは，規定の条件のもとで，60秒許容電流[a]を60秒間通電し，これを3回繰り返した後，60秒溶断電流[b]における溶断時間が溶断特性の電流座標での±20％のばらつき幅に入っていなければならない。また，60秒許容電流を60秒間100回通電しても溶断してはならない（**附属書F**参照）。

許容時間-電流特性は，許容時間の最小値を表示するものとし，少なくとも0.01～60秒表示する（**図3，図4**参照）。

　　注 [a] 許容時間-電流特性上の60秒に対応する電流
　　　[b] 溶断特性上の60秒に対応する電流

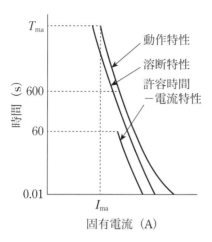
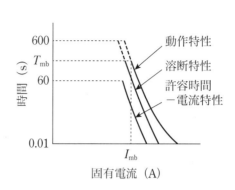

I_{ma}, I_{mb}：最小遮断電流
T_{ma}, T_{mb}：最小遮断電流に対応する動作時間

図3 ― 最小遮断電流に対応する動作時間が 600秒を超えるヒューズの時間–電流特性

図4 ― 最小遮断電流に対応する動作時間が 600秒以下のヒューズの時間–電流特性

4.11 繰返し過電流特性

ヒューズは，規定の条件のもとで，**表14**に示す規定の電流を，規定の時間，規定の回数を繰り返し通電しても溶断してはならない（**附属書G**参照）。

表14 ― 繰返し過電流特性

ヒューズの種類	繰返し過電流特性
G（一般用）	―
T（変圧器用）	定格電流の10倍の電流を0.1秒間通電し，これを100回繰り返しても溶断しないこと。
M（電動機用）	定格電流の5倍の電流を10秒間通電し，これを10 000回繰り返しても溶断しないこと。
C（リアクトルなしコンデンサ用）	定格電流の70倍の電流を0.002秒間通電し，これを100回繰り返しても溶断しないこと。
LC（リアクトル付きコンデンサ用）	定格電流の5倍の電流を0.1秒間通電し，これを100回繰り返しても溶断しないこと。

4.12 最小溶断 I^2t

製造業者は，溶断 I^2t の最小値の保証値を表示するものとする（**附属書H**参照）。

4.13 限流特性

限流特性は限流値の保証値を，両対数方眼紙を用いて表示するものとする（**図5**参照）。

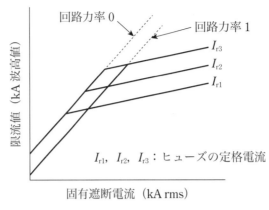

図5 — 限流特性の表示

4.14 最大動作 I^2t

製造業者は，限流範囲において生じ得る最大の動作 I^2t の保証値を表示するものとする（**附属書 H** 参照）。

5 設計，構造及び性能

5.1 ヒューズの動作に関する一般要件

5.1.1 一般

ヒューズは，定格遮断電流以下の回路で使用し，ヒューズ動作時に動作過電圧が発生するために定格電圧に適合した回路電圧で使用すること。

5.1.2 標準使用条件

ヒューズは，過渡的な直流分にかかわらず，固有電流のいずれの値についても適切に遮断することができるものとする。ただし，次の各項を条件とする。

a) 交流分は，最小遮断電流以上，定格遮断電流以下である。
b) 商用周波回復電圧は，**表 18** 又は**表 21** に明示する値以下である。
c) 固有過渡回復電圧は，**6.9.5 b)** に明示する試験で代表される限界値以内である。
d) 周波数は 48 〜 62 Hz である。
e) 力率は**表 18** 又は**表 21** に明示する試験で代表される値以上である。

5.1.3 標準動作条件

5.1.2 に示す使用条件に従い，ヒューズの動作は次のとおり。

a) ヒューズの動作後は，ヒューズリンクを損傷なく除去することが可能である。
b) ヒューズリンクが表示器を備えている場合，表示器は視覚的かつ完全に動作する。
c) 動作により，**4.8** に明示する値を超える動作過電圧が発生しない。
d) 固有遮断電流の各値に相応する限流値は，製造業者が提示する限流特性に相応する値を超えない。
e) 動作後，ヒューズは端子間にかかる商用周波回復電圧に耐えることができる。

5.2 表示事項

ヒューズホルダ及びヒューズリンクには，次の事項を容易に消えない方法で表示しなければならない。ヒューズリンクは，キャップに刻印してもよい。

> **注記** ヒューズリンクの物理的寸法が小さすぎ，次の各項に示す内容を表示することが不可能な場合には，代替方法を採用してもよい。

a) ヒューズホルダ

1) 名称
2) 形式
3) 屋内及び屋外用の別
4) 定格電圧（kV 又は V）
5) 商用周波耐電圧値（kV）
6) 定格電流（A）
7) 製造年
8) 製造業者名又はその略号

b) ヒューズリンク
1) 形式
2) 定格電圧（kV 又は V）
3) 種類を示す記号（G, T, M, C, LC）
4) 定格電流（A）
5) 定格遮断電流（kA）
6) 製造年又はそれに対応する記号
7) 製造業者名又はその略号

5.3 明示事項

製造業者は，次の事項を技術資料，その他何らかの方法で明示しなければならない。[1]

a) 溶断特性
b) 動作特性
c) 許容時間−電流特性
d) 最小溶断 I^2t
e) 最小遮断電流及びそれに対応する動作時間
f) 限流特性
g) 最大動作 I^2t
h) ワット損

注 [1] 有機材料又はそれ以外の材料の位置や量が動作後の過度な漏れ電流及び絶縁破壊を導く可能性がある設計であると製造業者が判断した場合，製造業者は有機ヒューズリンクと明示しなければならない。

6 形式試験

6.1 試験実施条件

形式試験を実施し，ヒューズの形式又は特定の設計が，通常の動作条件又は特に指定される条件下で，規定の特性及び機能に十分に相応しているかを確認する。

形式試験はサンプルに対して実施し，同形式の全てのヒューズに規定される特性について確認する。

性能が変更されるような設計変更を行った場合に限り，同試験を反復する。

試験実施の便宜上，製造業者に事前に同意を得た上で，試験の規定値，特に許容範囲については試験条件をより厳格にする目的で変更することができる。

許容範囲が明示されていない場合，上限については製造業者に事前に同意を得，規定値と同等以上の厳格な値で形式試験を実施する。

6.2 形式試験一覧

ヒューズの形式試験とは，その形式について電圧，電流，遮断電流などに関する諸定格及び温度上昇，溶断特性，限流特性などの諸特性を満足することを検証するために行う試験をいう。

試験項目は，次によるものを標準とする。

a) 構造点検
b) 抵抗測定
c) 開閉試験（断路形ヒューズのみ）
d) ワット損試験
e) 温度上昇試験
f) 商用周波耐電圧試験
g) 雷インパルス耐電圧試験
h) 遮断試験
i) 溶断特性試験
j) 許容時間−電流特性試験
k) 繰返し過電流試験

形式試験は，受渡しの際には行わないことを原則とする。

6.3 共通事項

6.3.1 一般事項

全ての形式試験の結果は，この規格への適合性の証明に必要な，データを含む形式試験報告書に記録する（**附属書Ⅰ参照**）。

6.3.2 供試品の条件

供試品は新品で，良好な状態であるものとする。

6.3.3 ヒューズの取付け

供試品は，接地した剛性に優れた専用の金属構造物に通常使用状態で取り付ける。

特に指定がない限り，通常の離隔距離が減じられないように配置し，接続する。

6.4 構造点検

寸法，材料，構造，接触状態などを検査し，全て良好でなければならない。なお，構造は，電気的，機械的に十分な耐久性があり，保守点検が安全かつ容易にできるものでなければならない。

6.5 抵抗測定

温度上昇試験及び開閉試験の前後に，端子間及びヒューズリンク接触部間の抵抗を直流電圧降下法で測定し，製造業者が保証する範囲内に入っていなければならない。各ヒューズリンクの抵抗は定格電流の10％を超えない電流で測定する。抵抗値は，測定を実施したときの周囲温度とともに記録する。なお，温度上昇試験後の抵抗値は，供試品を放置，冷却した後に測定する。

6.6 開閉試験（断路形ヒューズのみ）

断路形ヒューズは，使用状態になるべく近い状態で，フック棒操作などによる無電圧開閉を50回行い，その操作が軽快で衝撃が少なく，締付部分の緩みなどいずれの部分にも支障があってはならない。

6.7 耐電圧試験

6.7.1 一般事項

耐電圧試験は，**JEC-0102**に従って実施する。

6.7.2 電圧印加部分とヒューズの状態

出力端子の一端が接地されたインパルス発生器の出力端子のもう一端，及び一端が接地された商用周波電源のもう一端と接地電極とを使用し，供試品に**表2**及び**表3**に規定する試験電圧を印加する。

電圧印加部分とヒューズの状態は，**表15**による。

表15 — 電圧印加部分とヒューズの状態

電圧印加部分	ヒューズの状態
異相主回路間	ヒューズ3極を製造業者が指示する最小相間寸法に取り付け，閉路状態で行う。
主回路と大地間	閉路状態で行う（断路形ヒューズは，開路状態でも行う）。
同相主回路端子間	断路形ヒューズについて開路状態で行う。

6.7.3 試験中の周囲大気状態

試験中の周囲大気状態は，次による。

a) 商用周波耐電圧試験

JEC-0201の**4.2.1**（標準大気状態）及び**4.2.2**（大気状態補正）による。

b) 雷インパルス耐電圧試験

JEC-0202の第1編**5.2**（標準大気状態）及び**5.3**（大気状態に関する補正）による。

大気部分以外の絶縁が主対象であり，電圧補正によって条件が適切でなくなると思われる場合には，電圧補正は，当事者間の協議によって決定する

6.7.4 雷インパルス耐電圧試験

波形は，1.2/50 μs（波形の裕度は，波頭長で±30 %，波尾長で±20 %）とする。

表2及び**表3**に明示する雷インパルス耐電圧で，試験回数は正負極につき各3回とする。

6.7.5 商用周波耐電圧試験

試験回路（電圧調整装置付き変圧器）は，0.2 A以上の短絡電流の通電性能を有しているものとする。

規定電圧の1/10で電流の確認を行ってもよい。商用周波耐電圧試験の値は，**表2**及び**表3**による。

試験周波数は，45 ～ 65 Hzとする。

a) 乾燥の場合

電圧印加時間は1分間とする。

b) 注水の場合

JEC-0201の**4.3**（注水状態）による。電圧印加時間は10秒間とする。

6.8 温度上昇試験及びワット損試験

6.8.1 一般事項

温度上昇試験とワット損試験は，1台のヒューズに対し**6.3**に従い実施する。

6.8.1.1 供試品

ヒューズホルダは供試ヒューズリンクの製造業者の指定による。ヒューズリンクの定格電流は，ヒューズホルダで使用する最も大きいものとする。

6.8.1.2 機器の配置

試験は，試験装置から発するものを除き，ほぼ空気の流れのない屋内で実施する。

気中のヒューズは，製造業者が指定する要領の範囲内で，最も厳しい位置に取り付け，次のとおり裸銅導体で試験回路に接続する。各導体は，長さ約1 mとし，ヒューズの取付面と平行の面に取り付けを行うものとする。ただし，この面上ではいずれの方向に取り付けを行ってもよい。

導体サイズは**表16**による。

表16 — 試験回路への電気接続-導体サイズ

定格電流 A	接続導体断面積 mm²
25 以下	20 ～ 30
25 を超え　63 以下	40 ～ 60
63 を超え　200 以下	120 ～ 160
200 を超え　400 以下	250 ～ 350
400 を超え　630 以下	500 ～ 600
630 を超え　1 000 以下	800 ～ 1 000

通常の離隔距離をとらなくてもよい。

試験はヒューズリンクの定格電流で，45～65 Hz の周波数で実施する。

各試験は，温度上昇が一定値に到達するのに十分な時間にわたり実施するものとする（実際上，温度上昇が1 K/h 以下の増加になった際にこの条件が得られたものとする）。

各部の温度上昇は，**表6** の規定値を超えてはならない。

6.8.2　温度上昇試験

6.8.2.1　ヒューズ各部の温度

上限値に規定がある各部の温度は，熱電対又は温度計などを最も高温で接触が可能な地点で良好な熱伝導が得られるよう配置及び固定し，測定する。温度計又は熱電対での測定については，次の注意を払うものとする。

a) 温度計の感温部又は熱電対は，外側からの冷却に対する保護がなされるものとする（パテなど）。ただし，保護面積は，試験時の装置の冷却面積と比較してごくわずかであるものとする。

b) 磁界の変動が生じる箇所で温度計を用いる場合，水銀温度計よりもアルコール温度計の使用が推奨される。これは，水銀温度計が同条件下での影響を受けやすいためである。

6.8.2.2　周囲温度

試験中の周囲温度は，40℃以下とし，周囲温度の決定は次による。

a) 温度計の位置

　　周囲温度を決定するには，供試品の周囲において，高さ約1.5 m，距離1～2 m の位置の3か所以上に温度計を置き，通風及び放熱の影響を受けないようにする。

b) 温度の測定

　　a)に従って配置した温度計の読みの平均値を周囲温度とする。また，温度上昇試験中に周囲温度に変化があるときは，全試験期間の最後の1/4の間における温度の平均値を周囲温度とする。

6.8.3　ワット損試験

ワット損試験は，温度試験と同一条件のもとで，定格電流の50％及び100％の電流を通電し，最終温度に達した後，ヒューズリンク両端間のワット損を測定する。

6.9　遮断試験

ヒューズの定格遮断電流，最小遮断電流，限流特性，動作過電圧などは，遮断試験により確かめる。遮断試験は，新品の供試ヒューズについて，次の各項に基づいて行う。

6.9.1　供試品の状態

供試ヒューズは，完全に組み立てられ，できる限り実際の使用状態に近い据付状態で試験を行う。

実際の使用状態が不明の場合は**図6** に示す配置で行ってもよい。

図 6 の配置で試験する場合は次の点に注意する。
- 導体がヒューズベースに過度の機械的ストレスを与えないように，がいしの高さが 0.5 m を超える場合はがいしの高さに等しい距離で，がいしの高さが 0.5 m を超えない場合は 0.5 m で導体を支持する。
- 曲げ部は導体の支持点以降とする。
- 試験系列 3 については，配置は指示しない。
- 水平配置の方がより厳しい場合は水平配置で，それ以外は垂直配置で試験する。

動作時に高温気体，蒸気などの気体の外部への放出を伴うヒューズにおいては，製造業者の規定する最小据付寸法に等しいスペースをもつ金属箱中に供試品を入れ，金属箱を接地して試験する。

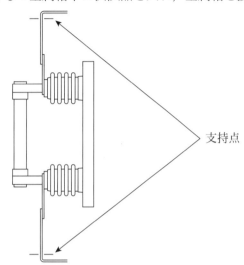

図 6 — 遮断試験時の供試品の配置（実際の使用状態が不明の場合）

6.9.2 試験時の標準動作状態

供試ヒューズを試験した場合の動作状態は，次の各項に適合すること。

a) ヒューズリンクが爆発したり，動作後，引き続き再使用する部分に溶着破損などがないこと。ただし，再使用しない部分の実用上支障のない破損亀裂などは許容される。

b) 実際の使用状態のもとで，他の機器，施設などに障害を与えるような高温気体，蒸気などの噴出がないこと。

c) 表示器又はストライカ付きヒューズにおいては，その表示器又はストライカが正常に動作すること。表示器及びストライカからの少量の高温気体の放出は許容される。

d) 動作過電圧は，規定値以下であり，限流値，動作 I^2t 及び溶断 I^2t は，保証値以内であること。

6.9.3 限流ヒューズの遮断試験

a) 試験系列

限流ヒューズの遮断試験は，表 17 に示す 3 系列に区分して行う。

表 17 — 限流ヒューズの遮断試験系列（附属書 J）

試験系列	試験目的
1	定格遮断電流 I_1 における遮断性能の検証
2	発弧時電流波高値が固有電流（交流分実効値）の 85 〜 106 % となる固有電流 I_2 における遮断性能の検証
3	最小遮断電流 I_3 における遮断性能の検証

ヒューズエレメントの一部分に非限流ヒューズと同じ遮断方式の部分をもつ限流ヒューズでは，前記の

ほかに $I_3 \sim I_2$ 間の電流値における試験を実施する。その値は，製造業者の指定による。

b）試験条件

限流ヒューズの遮断試験は，表18による。

表18 — 限流ヒューズの遮断試験条件

試験条件	試験系列			
	1		2	3
商用周波回復電圧（附属書K参照）	0.87 × 定格電圧以上		0.87 × 定格電圧以上	1.0 × 定格電圧以上
固有過度回復電圧	**6.9.5 b)** による		同左	−
力率（遅れ）	$0.07 \sim 0.15$ [a]		同左	$0.4 \sim 0.6$
固有電流	定格遮断電流 I_1 以上		I_2	最小遮断電流 I_3 以下
発弧瞬時電流波高値（附属書L参照）	−		$0.85 I_2 \sim 1.06 I_2$	−
投入位相角（附属書M，附属書N参照）[b]	−		$0 \sim 20$ 度	−[c]
発弧位相角（附属書M参照）[b]	$40 \sim 65$ 度	$65 \sim 90$ 度	−	−
回復電圧の継続時間	15 s 以上		60 s 以上	同左
試験回数	1	2	3	3

注 [a] 試験系列1及び試験系列2において，力率は，製造業者の同意によって0.07未満でもよい。
  [b] 投入及び発弧位相角は，電圧ゼロ点から測定する。
  [c] 試験系列3において，溶断時間が2秒以下の試験については，投入位相角を制御して遮断電流に直流分を含まないようにする。

注記1 試験系列3においては，次の二つの切換え試験法のいずれかで行ってもよい。

  a） 試験時間の大部分を低電圧で，I_3 以下の電流を通電し，溶断前に高圧の規定の電圧の回路に切り換える。ただし，切換えのために電流を中断する時間は，0.2秒を超えないものとし，また，切換え後発弧までの時間は，電流の直流分がなくなり，測定波形から電流値を測定できるよう十分長くなければならない。回路の切換えは，少なくともヒューズエレメント1個が電流を通電している間に行う。ただし，製造業者が同意すれば，切換えを全てのエレメントが溶断するまで延ばしてもよい。これはエレメントの溶断開始を検出するのが困難な場合や溶断電流が試験系列3の電流値より大幅に大きい場合に有効である。しかし，この方法はヒューズエレメント1個が通電している間に切り換えるよりも厳しい条件となるため，遮断失敗の場合は，ヒューズエレメント1個が通電している間に切り換える方法で試験を再度行うことができる。

  b） 電流調整用の抵抗器に並列にリアクトルを接続して試験時間の大部分を低力率電流とし，溶断前にこのリアクトルの接続を外して規定の力率の電流に切り換える。ただし，低力率時の電流は I_3 以下とする。また，切換え後発弧までの時間は，電流の直流分がなくなり，測定波形から電流値を測定できるよう十分長いこと。

注記2 回復電圧の印加方法は，次の方法によってもよい。

  図7に示すバックアップ遮断器Dと並列に電源保護用リアクトルを接続しておき，同遮断器開放後も引き続き同リアクトルを通じ電圧を印加する。この場合，リアクトルのインピーダンスは，ヒューズ短絡時100 A以上を流し得るものであること。

  有機ヒューズリンクの場合，回復電圧の継続時間は5分を下回らないこと。

注記3 試験系列2の固有電流 I_2 の実効値は，次のような条件を満たす大きさである。

  すなわち，その電流値において投入位相角 $0 \sim 20$ 度の範囲で試験した場合，発弧瞬時の電流

波高値が $0.85I_2 \sim 1.06I_2$ の範囲に入る。

I_2 の概略値は，次に示す二つの方法のうち，いずれかにより求められる。

a) 溶断時間が 0.5 サイクルである溶断電流（実効値）の 3 〜 4 倍の固有電流

b) 試験系列 1 の試験で発弧位相角が 90 度に近い場合の試験結果を用いて次式により求める。

$$I_2 = i_1 \sqrt{\frac{i_1}{I_1}}$$

ここに，I_2：試験系列 2 の固有電流

I_1：試験系列 1 の固有電流

i_1：試験系列 1 の発弧瞬時電流波高値

ただし，上式は，I_2 が I_1 より小さい場合に使用できる。I_2 が I_1 より大きくなる場合には，**注記 4 c)** によって試験を行う。

注記 4 試験系列及び試験条件の適用

a) 試験系列 1 の試験で，投入位相角 0 〜 10 度で試験しても発弧位相角が 65 度を超えるヒューズでは，発弧位相角 40 〜 65 度の試験は行わず，発弧位相角 65 〜 90 度の試験の回数 2 を 3 として行う。

b) 試験系列 1 の試験のうち試験系列 2 の条件を満足する試験がある場合には，その回数だけ試験系列 2 の試験回数を省略できる。

c) 試験系列 1 の固有電流 I_1 が試験系列 2 の固有電流 I_2 の下限よりも小さい場合は，試験系列 1 及び 2 の試験は，固有電流を I_1 として投入位相角が 0 〜 180 度の間にできるだけ等間隔に配分される 6 回の試験に置き換えて行うものとする。この場合，回復電圧の継続時間は，60 秒以上とする。

6.9.4 I_t 試験（クロスオーバ電流を表すヒューズリンクの場合）

物理的に同じ筒内に異なったアーク消弧方式（例えば，直列に限流エレメントと放出エレメントとがある場合）を組み込んだヒューズの場合，上記の試験系列 1，試験系列 2 及び試験系列 3 は，電流遮断責務が一方の電流遮断機構からもう一方の機構に移る電流領域 I_t での正しい動作を立証するために，追加試験を行う。ヒューズの設計は，広く異なっているため，全ての設計に適用できる厳密な試験の条件を指定することは不可能である。製造業者は，移行電流領域以内で適切な電流遮断を達成するための正常動作を I_t 遮断試験で確認する。この要求事項に応じた評価で使用する典型的な評価基準は，**附属書 O** 参照。

最低限，次の二つの電流で試験を行う。

$$I_{t1} = 1.2I_t \, (\pm 0.05I_t)$$
$$I_{t2} = 0.8I_t \, (\pm 0.05I_t)$$

ここに，I_t：製造業者が提供するクロスオーバ電流値

当該ヒューズに対して，これらの電流値が最も過酷な試験条件に相当しないことが判明している場合，製造業者は，他の I_{t1} 及び I_{t2} の値を指定してもよい。

試験を実施するときに用いるパラメータは，クロスオーバ電流 I_t の値に依存し，次による。

I_t が短絡（電流限流）範囲：試験電流に応じて**表 18** に規定する全ての試験条件を適用

I_t が小さい過電流範囲，すなわち，定格電流の 12 倍以下：試験系列 3 に対して指定する力率及び商用周波回復電圧

I_t が中間の電流範囲：

- 商用周波回復電圧：定格電圧$^{+5}_{0}$ %

- 力率

  クロスオーバ電流 I_t が定格電流 I_r の 12 〜 25 倍の場合は，遅れ 0.3 〜 0.4

  クロスオーバ電流 I_t が定格電流 I_r の 25 倍と I_2 との間の場合は，遅れ 0.2 〜 0.3

過渡回復電圧：製造業者が指定し，ヒューズリンクの使用が適していると想定される回路の典型的な値を表すもので，必要な試験電流によって決定される。過渡回復電圧の適切な値としての指針は，同様な環境で使用している他の開閉装置の試験規格から得てもよい。

遮断方式がもう一つの遮断方式に切り換わる遮断責務が，急に又は徐々に切り換える電流範囲で，試験を行うことが望ましい。試験電流は，製造業者が指定する。この要求事項に従った評価で使用する典型的な基準を**附属書 O** に示す。

6.9.5 遮断試験回路及び測定方法

遮断試験は，**図 7** に示された単相回路で，その都度 1 本のヒューズリンクを用いて行う。

注記 最小遮断電流など，小電流の遮断試験の回路において，リアクトルと抵抗器を並列に接続する場合の並列抵抗値は，リアクタンスの 30 倍以上とする。

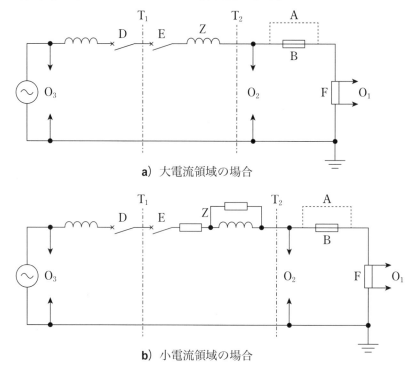

a) 大電流領域の場合

b) 小電流領域の場合

A：インピーダンスのほとんどない短絡導体　　O_1　：電流測定用装置へ
B：供試ヒューズ　　　　　　　　　　　　　　O_2　：回復電圧測定用装置へ
D：バックアップ遮断器　　　　　　　　　　　O_3　：電源電圧測定用装置へ
E：投入スイッチ　　　　　　　　　　　　　　Z　　：電流調整インピーダンス
F：分流器　　　　　　　　　　　　　　　　　T_1, T_2：変圧器挿入位置例

図 7 — 遮断試験回路

a) 固有電流

固有電流の測定は，適切な周波数応答特性をもった計測システムを使用するものとするが，最小遮断電流などヒューズの溶断に長時間を要する領域の電流測定には，指示電流計を使用してもよい。指示電流計を使用する場合は，溶断までの期間の大部分一定電流に保つことができ，指示電流計が応答して指針が実際の電流を的確に指示し得る場合に限る。

なお，小電流領域の遮断試験の場合は，固有電流測定時にヒューズを導体で短絡しなくてもよい。

遮断試験における供試ヒューズの発弧瞬時に相当する時点の固有電流を固有遮断電流とする。ただし，発弧時点が，短絡開始より 0.5 サイクル以内のときは，短絡開始後 0.5 サイクルの点における値とする（**図 8**，**図 9** 参照）。

b) 試験回路の固有過渡回復電圧

限流ヒューズの試験系列 1 及び試験系列 2 並びに非限流ヒューズの試験系列 1 の試験に際しては，試験回路の固有過渡回復電圧の波形のパラメータをその測定波形から**附属書 C** に示す方法によって求め，これを記録する。パラメータの測定に際しては，低電圧電源を使用してもよい。

波形は，**表 10 〜表 12** に示された値を標準とする（**附属書 D** 参照）。

c) 動作過電圧

限流ヒューズでは，動作過電圧は，適切な周波数応答特性をもった計測システムにより測定する。小電流領域の試験では，球ギャップにより検証してもよい。球ギャップは **JEC-213** による。

試験回路に過電圧保護装置を設けているときには，ヒューズの遮断試験に際して動作してはならない。

d) 電源電圧

電源電圧は，短絡前に供試ヒューズの電源側に印加されている線間電圧の実効値で表す。

電源電圧波形の狂い率（**附属書 P** 参照）は，10 % を超えないこと。

e) 商用周波回復電圧

商用周波回復電圧は，供試ヒューズが消弧した瞬時から

$$\frac{1}{2f} \sim \frac{1}{f} \text{ s}$$

（ただし f は回復電圧の周波数）の間で求める（**図 8**，**図 9** 参照）。

商用周波回復電圧波形の狂い率（**附属書 P** 参照）は，10 % を超えないこと。

f) 力率

力率は，**附属書 Q** に示す方法によって求める。

g) 試験周波数

試験周波数は，48 〜 62 Hz とし，短絡前の周波数を測定する。

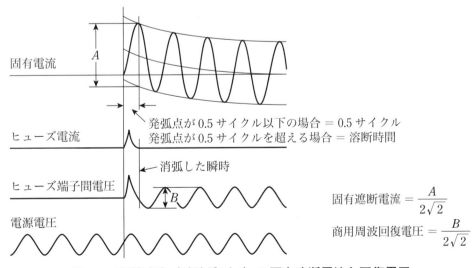

図 8 — 遮断試験（試験系列 1）の固有遮断電流と回復電圧

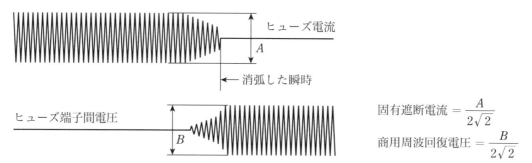

$$固有遮断電流 = \frac{A}{2\sqrt{2}}$$

$$商用周波回復電圧 = \frac{B}{2\sqrt{2}}$$

図9 — 遮断試験（試験系列3）の固有遮断電流と回復電圧

6.9.6 同形ヒューズリンクの遮断試験

同形ヒューズリンク（以下同形ヒューズという）にあっては，定格電流ごとに試験を行わなくても，**表19**の試験系列について○印のものに対して試験を行えば，他の試験系列の試験は，省略できる。

a) 同形ヒューズの条件

1) 定格電圧，定格遮断電流及び定格周波数が等しいこと。
2) 全ての材料が同じであること。
3) ヒューズエレメント1本の断面積と並列数以外の全ての寸法が等しいこと。
4) 1本のヒューズリンクにおいて，並列に使用されるヒューズエレメント（表示器用又はストライカ用エレメントは除く）が全て同一であること。
5) ヒューズエレメントの長さ方向に対する断面の変化法則が等しいこと。
6) ヒューズエレメントの厚さ，幅及び本数のうち，変化するものは，定格電流の増加に伴って単調に増大しなければならない。

   したがって，ヒューズエレメントの並列本数を減らし，断面積を増してバランスをとること，及びこの逆も許されない。

7) 定格電流の増大に伴ってヒューズエレメント数が増加するときは，ヒューズエレメント間の間隔及びヒューズエレメントと筒の距離は，定格電流の増大に対して単調に減少しなければならない。
8) 表示器又はストライカ用の特殊ヒューズエレメントは，前記 5)，6)から除外される。ただし，このエレメントは，全てのヒューズに対して共通していること。

表19 — 同形ヒューズの試験項目

ヒューズエレメント1本の断面積及び並列数	試験系列	試験するヒューズ		
		A	B	C
$n_a \leqq n_b \leqq n_c$ $S_a \leqq S_b \leqq S_c$	1	○	−	○
	2 a)	○	−	○
	3 b)	○	○ c)	○
n が等しくて $S_a < S_b < S_c$	1	○	−	○
	2 a)	○	−	○
	3	−	−	○
S が等しくて $n_a < n_b < n_c$	1	○	−	○
	2	−	−	○
	3 b)	○	−	○

注 a) A及びCに対する試験系列2の電流 I_2 は，A及びCの定格電流に従ってそれぞれ選ぶこと。
　 b) ヒューズエレメントの並列数の最低は，2とする。なお表示器及びストライカ用の特殊エレメントは，この中には加えない。
　 c) ヒューズエレメントの並列数がCよりも少ない場合に試験を行う。

注記　表19の記号は次のとおりとする。

　　　　A　　　　　　　：定格電流が最小の同形ヒューズ
　　　　B　　　　　　　：定格電流がAとCの間にある同形ヒューズ
　　　　C　　　　　　　：定格電流が最大の同形ヒューズ
　　　　S_a, S_b, S_c　：同形ヒューズA, B, Cのヒューズエレメント1本の断面積
　　　　n_a, n_b, n_c　：同形ヒューズA, B, Cのヒューズエレメントの並列数

b) 最小遮断電流の決定法

　試験を省略したヒューズの最小遮断電流値I_3は，試験系列3の結果から次のようにして求める。

1) nが一定でSが増すとき

　A, BヒューズのI_3は，CヒューズのI_{3C}の時間に対応するI_{3A}, I_{3B}とする（**図10**参照）。

2) Sが一定でnが増すとき

　A, Cヒューズの動作特性上のI_{3A}, I_{3C}に対応する点を直線で結び，Bヒューズの特性との交点の電流I_{3B}をBヒューズのI_3とする。（**図11**参照）。

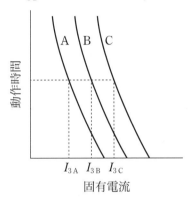

図10 — 最小遮断電流決定法
（並列数が一定の場合）

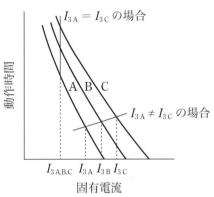

図11 — 最小遮断電流決定法
（断面積が一定の場合）

6.9.7 非限流ヒューズの遮断試験

a) 試験系列

　非限流ヒューズの遮断試験は，表20に示す3系列に区分して行う。

表20 — 非限流ヒューズの遮断試験系列（附属書R）

試験系列	試験目的
1	定格遮断電流I_1における遮断性能の検証
2	定格遮断電流の20～30％の固有電流I_2における遮断性能の検証
3A, 3B	小電流域における遮断性能の検証

b) 試験条件

　非限流ヒューズの遮断試験は，**表21**による。

表21 ― 非限流ヒューズの遮断試験条件

試験条件	試験系列			
	1	2	3A	3B
商用周波回復電圧（附属書K）	1.0 × 定格電圧以上[a]	1.0 × 定格電圧以上[a]	1.0 × 定格電圧以上	
固有過渡回復電圧	**6.9.5 b)** による	－	－	
力率（遅れ）	0.15 以下	同左	0.3 ～ 0.5	0.6 ～ 0.8
固有電流	定格遮断電流 I_1 以上	$(0.2 ～ 0.3) × I_1$	400 ～ 500 A[b]	15 ～ 20 A[b]
投入位相角[c]	－5 ～ 15度：1回 85 ～ 105度：1回 130 ～ 150度：1回	－5 ～ 15度：1回 85 ～ 105度：1回	－[d]	
同一設計におけるヒューズリンク又は取替えユニットの定格電流	最小のもの / 最大のもの	最小のもの / 最大のもの	最小のもの	最小のもの
回復電圧の継続時間	15 s 以上	同左	同左	
試験回数	3 / 3	2 / 2	2	2
再用形ヒューズのときのヒューズ外筒供試品数	1 / 1	1	1	

注[a] 遮断電流が大きい場合の商用周波回復電圧は，0.95 ×定格電圧以上でもよい。
[b] これらの電流域で溶断しないヒューズリンクについては，最小溶断電流に近い電流値での遮断試験に置き換えることができる。
[c] 投入及び発弧位相角は，**表18**の**注**[b] による。
[d] 試験系列3において，溶断時間が2秒以下の試験においては，**表18**の**注**[c] による。

注記 1 試験系列3においては**6.9.3 b)** の**注記1**による。

注記 2 回復電圧の印加方法は**6.9.3 b)** の**注記2**による。

注記 3 同一設計におけるヒューズリンク又は取替えユニットの定格電流最大のものと最小のものについて試験することとした。これは，非限流ヒューズの遮断特性から，表に示す組合せで試験すれば，最大と最小の間の全ての定格電流について，遮断を保証し得るからである。

6.9.8 種類Cヒューズの組合せ遮断試験

種類Cヒューズの組合せ遮断試験は，次の各項によって行う。

なお，ここに記載していない事項は，**6.9.1 ～ 6.9.6** の規定による。

a) 供試品の組合せ

ヒューズの定格電流に対応した最大適用容量のコンデンサと組み合わせるものとする。

b) 試験回路

組合せ遮断試験は，**図12**に示す三相回路でその都度3個のヒューズを用いて行う。ただし，動作しない相のヒューズは，あらかじめ導体で短絡しておいてもよい。

c) 固有遮断電流

固有遮断電流は，供試ヒューズを無視し得る程度の低いインピーダンスの導体に置き換え，**図12**のRS相間を短絡して測定した固有電流波形から求める。

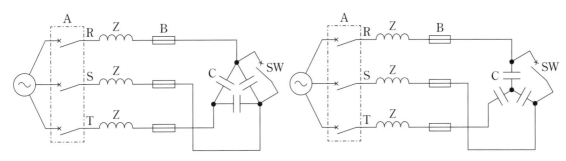

a) 三角結線の場合　　　　　　　　　**b)** 星形結線の場合

A：バックアップ遮断器　　C：コンデンサ　　Z：電流調整インピーダンス
B：供試ヒューズ　　　　　SW：投入スイッチ

図 12 — 組合せ遮断試験回路

d) 遮断試験条件

遮断試験条件は，次のとおりとする。

1) 試験系列

ヒューズの遮断試験は，表 22 に示す試験系列 4 及び試験系列 5 について行う。

表 22 — 組合せ遮断試験系列

試験系列	試験目的
4	固有電流 I_4 が定格遮断電流に等しい場合の遮断性能の検証
5	発弧時電流波高値が固有電流（交流分実効値）の 85 〜 106 % となる固有電流 I_5 における遮断性能の検証

2) 試験条件

組合せ遮断試験は，表 23 に示す条件によって行う。

表 23 — 組合せ遮断試験条件

試験条件	試験系列 4	試験系列 5
商用周波回復電圧	1.0 × 定格電圧以上	同左
固有過渡回復電圧	**6.9.5 b)** による	同左
力率（遅れ）	0.07 〜 0.1 [a]	同左
固有電流	I_4	I_5
発弧時電流波高値	−	$0.85I_5 \sim 1.06I_5$
投入位相角 [b]	−	0 〜 20 度
発弧位相角 [b]	30 〜 90 度	−
回復電圧の継続時間	15 s 以上	60 s 以上
試験回数	3	同左

注 [a] 力率は，製造業者の同意によって 0.07 以下でもよい。
　　[b] 投入及び発弧位相角は，電圧ゼロ点から測定する。

6.10 溶断特性試験

6.10.1 一般事項

溶断特性試験は，**6.3** 及び次の条件下で実施しなければならない。

なお，遮断試験から得られた時間−電流データを使用してもよい。

6.10.1.1 周囲温度

溶断特性は，15 〜 40 ℃のいずれかの周囲温度で確認する。

それぞれの試験を開始するときには，ヒューズは，ほぼ周囲温度になっていなければならない。

6.10.1.2 機器の配置

遮断試験（**6.9** 参照）とは別にこの試験を行う場合は，温度上昇試験を行うときと同一に機器を配置する（**6.8.1.2** 参照）。

6.10.2 試験方法

溶断特性試験は，次のとおり実施する。

6.10.2.1 試験電圧，周波数及び電流波形

ヒューズに流れる電流が実質的に一定に保たれるよう回路が構成されていれば，溶断特性試験の回路電圧は規定しない。

試験電圧は，定格値以下であってもよい。

試験周波数は，48〜62 Hz とする。

試験電流波形は，なるべく正弦波とする。

6.10.2.2 試験電流及び試験回数

試験のために通じる電流は，**表24** に示す値とし，試験回数は，電流ごとに1回とする。

表24 — 試験電流

G（一般用）	T（変圧器用）	M（電動機用）	C（リアクトルなしコンデンサ用）	LC（リアクトル付きコンデンサ用）
不溶断電流 [a]	不溶断電流 [a]	不溶断電流 [a]	不溶断電流 [a]	不溶断電流 [a]
定格電流 × 2.0	最小遮断電流 [b]		定格電流 × 10	定格電流 × 10
	600秒溶断電流	600秒溶断電流	600秒溶断電流	600秒溶断電流
10秒溶断電流	10秒溶断電流	10秒溶断電流	10秒溶断電流	10秒溶断電流
0.1秒溶断電流	0.1秒溶断電流	0.1秒溶断電流	0.1秒溶断電流	0.1秒溶断電流
0.01秒溶断電流	0.01秒溶断電流	0.01秒溶断電流	0.01秒溶断電流	0.01秒溶断電流
注記　溶断電流は，溶断特性曲線上の指定時間に対する電流値とし，実際の通電電流は，その±10％とする。				
注 [a]　不溶断電流は**表13**による。				
[b]　最小遮断電流における溶断時間が600秒を超える場合のみ実施する。				

6.10.2.3 電流の測定

溶断特性試験中のヒューズに流れる電流は，電流計，適切な周波数応答特性をもった計測システム又は他の適切な計器によって測定する。

6.10.2.4 時間の決定

時間を適切な周波数応答特性をもった計測システムによって記録した場合，溶断時間はバーチャル時間又は実時間とし，いずれを選択したかを明示する。

6.11 許容時間−電流特性試験

許容時間−電流特性試験は，**4.10.3** に規定する許容時間−電流特性を確かめるために行うものとし，通風の影響のない場所で，あらかじめ通電加熱しない新品の供試ヒューズについて，次の各項に基づいて行う。

6.11.1 周囲温度

特に指定のない限り常温で行うものとし，40℃を超えないものとする。

6.11.2 供試品の個数と取付け

6.8 に規定する温度上昇試験及びワット損試験と同じ状態に取り付けて行う。接続導体も **6.8.1.2** による。

供試品の個数は，各試験の種類に対して各々3台とし，直列に接続して行ってもよい。

6.11.3 試験電圧・周波数及び電流波形
試験電圧は，定格値以下であってもよい。試験周波数は，48 〜 62 Hz とする。また，試験電流波形は，なるべく正弦波とする。

6.11.4 通電時間
通電時間は，表 25 に規定する時間とする。

6.11.5 通電電流
通電電流は，表 25 に規定する電流とする。

6.11.6 通電間隔
通電間隔は，30 分間隔又はそれ以下とする。

6.11.7 通電回数

6.11.7.1 試験の種類 A
繰返し 3 回通電した後，6.11.8 により溶断特性試験を行う。

6.11.7.2 試験の種類 B
繰返し 100 回通電し，溶断の有無を調べる。

6.11.8 溶断特性試験
試験の種類 A における通電繰返し後の溶断特性試験は，6.10 による。ただし，試験電流は，溶断特性上の 60 秒に対応する電流とする。

表 25 — 許容時間−電流特性試験条件（附属書 F 参照）

試験条件	試験の種類	
	A	B
通電時間	60 s	60 s
通電電流	60 秒許容電流[a]	60 秒許容電流[a]
通電回数	3	100
注[a] 許容時間−電流特性上の 60 秒に対応する電流		

6.12 繰返し過電流試験
繰返し過電流試験は，4.11 に規定する繰返し過電流特性を確かめるために行うものとし，通風の影響のない場所で，あらかじめ通電加熱しない新品の供試ヒューズについて，次の各項に基づいて行う。

6.12.1 周囲温度
特に指定のない限り常温で行うものとし，40 ℃ を超えないものとする。

6.12.2 供試品の個数と取付け
6.8 に規定する温度上昇試験及びワット損試験と同じ状態に取り付けて行う。接続導体も 6.8.1.2 による。
供試品の個数は，3 本とし，直列に接続してもよい。

6.12.3 試験電圧・周波数及び電流波形
試験電圧は，定格値以下であってもよい。試験周波数は，48 〜 62 Hz とする。また，試験電流波形は，なるべく正弦波とする。

6.12.4 通電時間
通電時間は，ヒューズの種類により表 26 に規定する時間とする。

6.12.5 通電電流
通電電流は，ヒューズの種類により表 26 に規定する電流とする。

6.12.6 通電回数及び通電間隔

通電回数は，ヒューズの種類により**表26**に規定する回数とし，通電間隔は，30分間隔又はそれ以下とする。

表26 ― 繰返し過電流特性試験条件

試験条件	ヒューズの種類				
	G（一般用）	T（変圧器用）	M（電動機用）	C（リアクトルなしコンデンサ用）	LC（リアクトル付きコンデンサ用）
通電時間	―	0.1 s	10 s	0.002 s	0.1 s
通電電流	―	ヒューズ定格電流の10倍	ヒューズ定格電流の5倍	ヒューズ定格電流の70倍	ヒューズ定格電流の5倍
通電回数	―	100	10 000	100	100

6.13 EMC（電磁両立性）

この規格の適用範囲に属するヒューズは，電磁妨害に敏感ではなく，いかなるイミュニティ試験も必要ない。ヒューズに起因する電磁妨害の発生は，ヒューズが動作した瞬時に限定される。形式試験における動作過電圧が，この規格の**表8**及び**表9**に与えられる値を超えない限り，EMCに関する試験を実施する必要がない。

7 ルーチン試験

7.1 ルーチン試験一覧

ヒューズのルーチン試験とは，個々の製品について，受渡しの可否を判定するために行う試験をいう。試験項目及び試験順序は，次によるものを標準とする。

a) 構造点検

b) 抵抗測定

c) 開閉試験（断路形ヒューズのみ）

d) 商用周波耐電圧試験

　注記 開閉試験及び商用周波耐電圧試験は抜取試験とする。

7.2 構造点検

構造点検は，**6.4**による。

7.3 抵抗測定

抵抗測定は，直流電圧降下法により測定するものとし，次による。

a) ヒューズリンクは，全数につき測定し，製造業者のあらかじめ設定する限界範囲内になければならない。

b) ヒューズ端子間は，抜取試験とし，製造業者のあらかじめ設定する限界範囲内になければならない。

7.4 開閉試験（断路形ヒューズのみ）

開閉試験は，**6.6**による。ただし，開閉回数は5回とする。

7.5 商用周波耐電圧試験

商用周波耐電圧試験は，**6.7.5**による。

ただし，

a) 特に指定のない限り，注水試験は，行わない。

b) 印加部分は，主回路と大地間のみとする。

8 参考試験

8.1 一般

ヒューズの一般的特性は，形式試験によって検証するが，ヒューズの運用上又は保守上，形式試験項目以外の特性を検証する場合がある。この試験を参考試験といい，その性格上，ヒューズのルーチン試験時には実施しない。

> 注記 ヒューズの運用上又は保守取扱いの面で，各種の特性が要求される場合があるが，試験の内容，条件，合否の判定基準などを一律に規定しにくいものが多いので，形式試験とせず参考試験としてこの項目を規定した。
>
> 参考試験を実施する場合，試験条件が多岐にわたることもあり，当事者間で十分協議の上，過去の試験成績及び実績を考慮するなどによって，最も効率的にその製品の運用に役立てることが望ましい。

8.2 参考試験項目

あるタイプのヒューズ又は特殊用途のヒューズに対し，ヒューズの製造業者と使用者との合意に基づき次の試験を行う。

- 熱衝撃試験（屋外での使用を意図したヒューズ）
- 屋外での使用を意図したヒューズの防水試験（水分の浸入）

試験結果は，必要なデータを含む試験レポートに記載することが望ましい。

8.3 熱衝撃試験

8.3.1 供試品

ヒューズホルダは，試験されるヒューズリンクの製造業者が指定する。

> 注記 ヒューズエレメントのみが異なる幾つかの定格電流が含まれている場合，ワット損が最大となるヒューズリンクのみ試験すれば十分である。

8.3.2 装置の配置

ヒューズは製造業者の指示に基づき装着し，**表16**に規定される寸法の裸銅導体で試験回路に接続する。

8.3.3 試験方法

製造業者と使用者との間で合意された定格電流を超えない電流をヒューズに1時間通電する。その後，室温を超えない温度の人工雨を約45度の方向から降水量が約3 mm/minの割合となるようヒューズに降らす。この降雨は試験電流を流したまま1分間続ける。

ヒューズの外観に何らかの損傷があってはならない。

8.4 防水試験

8.4.1 試験条件

防水性の確認は，湿潤材（wetting agent）を加えた温水槽に供試品を沈めることによって行う。温水の量は少なくとも供試品の体積の10倍以上とする。

8.4.2 供試品

供試品はそのタイプを代表するヒューズリンクとする。3本のヒューズリンクを試験する。

8.4.3 試験方法

15～35℃の室温で，それぞれの供試品を，水温が70～80℃の温水槽に5^{+0}_{-1}分間沈める。

供試品を最初に沈めた際に発生した気泡が消えた後，供試品の表面から気泡が現れてはならない。

附属書 A

（参考）

適用指針

A.1 目的

この附属書の目的は，電力ヒューズを使用する上で満足する性能を得るために，適用，動作，及び保守に関する指針を提供することにある。

A.2 総則

電気回路におけるヒューズは，その定格範囲において，接続される回路及び装置を常に保護する立場にある。このヒューズがいかによく性能を発揮するかは，製造時の精度のみならず，それが組み込まれた後の適用の正確さと，それに向けられる注意次第である。もしも適用と保守が適切でないと高価な装置に多額の損害を与えることもある。

ヒューズは少なくとも他の精度よく作られた（保護継電器のような）装置と同程度の注意をもって扱われるべきである。落下又はその他の過酷な機械的衝撃を受けたヒューズリンクは使用前に検査されねばならない。検査にはヒューズ筒と金属部分の調査及び抵抗検査が含まれる。公称の抵抗値は製造業者から入手できる。

もしも正常な組込状態と使用状態のもとでヒューズリンクが厳しい機械的なストレス，例えば１方向又は数方向からの振動，衝撃などを受けた場合，そのヒューズリンクは損傷や劣化がなく，それらのストレスに耐えていることを検証しなければならない。ヒューズリンクの機械的耐久力を明らかにする実用的な試験は，使用者とスイッチギヤの製造業者間の合意によって実施されなければならない。

注記　IEC 62271-105 に，スイッチとヒューズの組合せに関する記載がある。

ヒューズをその遮断方法から分類すると次の二つに分かれる。

a) 限流ヒューズ

　高いアーク抵抗を発生し，事故電流を強制的に限流抑制して，遮断を行う方式のヒューズを総称して限流ヒューズといい，密閉絶縁筒内にヒューズエレメントとけい砂などの粒状消弧剤を充填したヒューズで代表される。

b) 非限流ヒューズ

　限流ヒューズとその遮断方式を異にし，ヒューズエレメントの溶断後，構成物質の気化などによる発生ガスの放出その他により，電流ゼロ点における極間絶縁耐力を高め遮断を行う方式のヒューズ。

A.3 ヒューズの適用上注意すべき事項

A.3.1 再投入ができない点について

ヒューズはそのエレメントが溶断，蒸発，発弧することによって遮断動作をするものであるから，遮断器のように再投入できないのは，やむを得ないところである。したがって，しばしば過負荷電流を遮断したり，ヒューズの動作後再投入が必要な箇所にはヒューズを用いないようにするべきである。ヒューズの使用に当たっては，次の注意が必要である。

a) ヒューズの動作は，主として短絡事故に限るよう適切なヒューズ定格を選定する。

b) 必ず予備ヒューズを用意する。

A.3.2 過渡電流について

遮断器は，保護継電器の動作時間以内に消滅する過渡電流にはどんな大電流でも動作しないが，ヒューズでは，瞬時に消滅する過渡電流でも，その I^2t がヒューズの溶断 I^2t より大きい場合には溶断し，たとえ溶断 I^2t を超えなくても，I^2t がある値以上となり，その過渡電流が何度も繰返し流れると，ヒューズエレメントは損傷劣化し，電気的又は機械的に溶断又は切断を生ずる。

このような過渡電流のうち代表的なものは，変圧器の励磁突入電流，電動機の始動電流などである。これらの過渡電流でヒューズが動作及び損傷しないよう，次の点に注意する必要がある。

a) 負荷の過渡電流値とその接続時間を十分把握し，それらが製造業者の保証するヒューズの繰返し過電流特性以内にあるよう，適切なヒューズの定格電流を選定する。

b) 標準的な過渡電流−時間特性をもつ変圧器及び電動機に対するヒューズの選定は，ヒューズ製造業者の準備した適用表を参考にする。

A.3.3 ヒューズの動作特性について

ヒューズの動作特性は，個々のヒューズに固有かつ固定なもので保護継電器のように自由に調整できない。

一方，ヒューズの使用範囲の拡大と技術の進展によって，ヒューズの動作特性も多様化が図られているので，使用計画に当たっては，用途，回路特性を考慮して，最適な動作特性をもつ適切な定格電流のヒューズを調査選定することが望ましい。

A.3.4 小電流の遮断について

限流ヒューズには一定値以下の小電流範囲において，溶断しても遮断できないものがある。このため限流ヒューズでは，製造業者の保証値として最小遮断電流を明示することが規定されている。したがって，次のような注意が必要である。

a) この最小遮断電流以下で動作しないような適切な定格電流のヒューズを使用する。

b) 最小遮断電流以下は，他の機器で保護する。

> 注記　最小遮断電流は，限流ヒューズを小形経済的に製作するために定格電流の数倍にとるのが普通で，種類Gのヒューズでは，定格電流の3〜5倍となるものが多い。また，変圧器，電動機など始動時に数倍の過渡電流が流れる回路に種類Gのヒューズを適用する場合は，回路の定常負荷電流は，ヒューズの定格電流よりかなり小さく適用されるので，ヒューズの最小溶断電流（又は最小遮断電流）の回路の定常負荷電流に対する倍率は，前記の数字よりいっそう大きくなる。したがって，このような回路の普通の過負荷領域の保護をヒューズに期待することは，一般に無理であることに注意を要する。
>
> また，種類T，M，C及びLCのヒューズでは，回路の定常負荷電流にほぼ等しい定格電流のヒューズを適用できるが，定格電流に対する最小遮断電流の倍率が種類Gのヒューズより大きくなり，種類Gのヒューズと同様に過負荷領域の保護は期待できない。したがって，回路の過負荷領域を保護するときには，最小遮断電流の更に低いヒューズを使用するか最小遮断電流以下の電流域の保護を分担する過電流遮断装置を直列に組み合わせて使用することが必要である。

A.3.5 ヒューズエレメントの劣化について

ヒューズでは，過電流とその通電時間及び繰返しによって，溶断しなくてもヒューズエレメントの劣化変質を生ずる範囲があり，不測の溶断を生じ，欠相を生ずる危険がある。しかし，**A.3.2** に述べた注意に従って十分裕度をとってヒューズの定格電流を選定すれば，実用上はほとんど問題となることはない。

ヒューズが短絡電流を遮断したときに，三相とも動作しないで一相又は二相のヒューズが未溶断で残ることがある。このような場合は，残ったヒューズも劣化しているおそれがあり，それをそのまま使っていると負荷電流通電時に自然溶断して欠相を起こすことがあるので，全相取替えを推奨する。そのため，予備ヒューズは三相分をひと組として準備する必要がある。

注記 ヒューズエレメントは，今日では純度の高い銀が一般に用いられており，酸化による劣化は，特別の場合を除いて問題としないでよいが，銀（溶融温度960℃）は，約600℃以上に繰返し加熱されると，組織の結晶化が進み，結晶界面から破断を生じ，また，通電電流の変化による発生応力の繰返しによって，疲労劣化して破断する。したがって，製造業者から提示された適用表，許容時間−電流特性，繰返し過電流特性などから適切な大きな定格電流のヒューズを選定すべきである。

A.3.6 小溶断電流の溶断時間について

ヒューズの溶断特性は，小溶断電流ほど通過電流の変化に対する溶断時間の変化が大きく，したがって，そのばらつきも大きい。このような小溶断電流域において，機器などの過負荷保護をヒューズに期待することは，適切でなく，欠相運転を生ずる原因ともなる。また，このような領域でのヒューズの適用は，**A.3.5**にも述べたように，ヒューズエレメントの劣化を生じやすい適用にも通じるので，十分注意を要する。

A.3.7 限流ヒューズの動作過電圧について

限流ヒューズは，動作時に動作過電圧を発生するので，回路の耐電圧がヒューズの動作過電圧より高いことを確認して適用する必要がある（**表8**及び**表9**参照）。特に，回路電圧より一段上の定格電圧のヒューズを使用することは一般的に避けるべきである。

A.4 適用一般

A.4.1 設置及び据付

設置に関しては，次の事項に注意する。

a) ヒューズは製造業者の説明書に従って組み込まれなければならない。

b) ヒューズの多極配置については，極間距離が構造上固定されていないときは製造業者が規定した値以上の間隔で設置しなければならない。

c) ヒューズリンクが厳しい太陽のふく射熱にさらされたり又はヒューズリンクが40℃を超える周囲温度にさらされる容器内で使用されるときは，これらのヒューズリンクの性能の一部に著しく影響する可能性があることに留意しなければならない。

d) ヒューズリンクの設計に関連して影響を受ける項目としては，定格電流，時間−電流特性及び電流遮断能力が含まれる。その対策のため特別に設計され，試験されたヒューズリンク（例として有機ヒューズリンク）もある。

据付に関しては更に次の事項に注意する。

a) 据付前に，輸送途中で壊れたり，ねじが緩んでいたりしないか点検する。

b) ヒューズは，適当な対地距離，相間距離又はバリアとの間隔を置かないと，不測のフラッシオーバ事故を起こす危険があるので製造業者指示の寸法を守り据え付ける。

c) 断路形ヒューズは，ヒンジ側を負荷側に接続するのを標準とする。フック操作形はフック操作に便利なように，ドロップアウト形はドロップアウト可能なように，据え付ける必要がある。ドロップアウト形はドロップアウトすることに起因する被害が，また，非限流ヒューズでガスを放出するものは，その放出したガスによる被害が電気的にも操作者にもないように据え付ける。

d) 据付方向について製造業者の指示のある場合は，指示に従って据え付ける。

A.4.2 ヒューズリンクの定格電流の選定

A.4.2.1 一般的な選定基準

ヒューズリンクの定格電流は，一般に通常の使用電流よりも大きい値である。定格電流選定の推奨値は，一般に製造業者によって用意されている。もしもヒューズリンクの定格電流がヒューズホルダの定格電流よりも小さい場合は，実効的なヒューズの定格電流が，ヒューズリンクの定格電流になる。

ヒューズリンクの定格電流は，次に示すパラメータを十分考慮して選択しなければならない。

a) 通常電流及び可能性のある過負荷電流（持続する高調波を含む）
b) 変圧器，電動機又はコンデンサなどの装置の開閉に関連した回路内の過渡現象
c) 次による他の保護機器・回路との動作協調
   1) ヒューズの動作特性が被保護機器及び回路の通電特性より下になるようにするとともに，ヒューズの限流値による電磁力及び動作 I^2t による発生熱量が回路や機器の短絡強度より小さくなるようにする。
   2) 電源側保護機器の動作時限よりヒューズの動作時間が早く，負荷側保護機器の動作特性よりヒューズの許容時間–電流特性が遅くなるようにする。負荷側保護機器がヒューズの場合には，前記に加えて，負荷側ヒューズの最大動作 I^2t よりも大きな溶断 I^2t になるようにする。
   3) ヒューズを保護機器のバックアップ用に使用する場合は，ヒューズの最小遮断電流以下の電流では，保護機器の動作特性がヒューズの許容時間–電流特性よりも早くなるようにする。

なお，三相回路に使用するヒューズは，前記により選定された定格電流が各相で異なった値になっても，三相とも同一定格電流のものにしなければならない。

注記1　ヒューズリンクの製造業者が明示した定格電流の値は，多くの要因がもとになっている。一つの要因は，ヒューズリンクの接触部の温度上昇で，単相での試験により **6.8** に従った温度上昇試験で決定されるものである。

注記2　接続状態，取付け方向，周囲温度及び取付け状態は規定されているところによる。試験中の周囲温度は40℃以下の任意の値でよいとされており，温度上昇の結果は40℃の使用周囲温度まで有効と見なされている。製造業者は，温度上昇限度を遵守することに加えて，ヒューズエレメントの劣化に対する適切な余裕を確保する必要性に基づく判断基準によって定格電流を決めている可能性がある。それゆえに，単にこの規格の**表6**に詳述されている最大許容温度上昇を超えたことがないという理由で，ヒューズリンクが使用に際して満足する状態を維持すると仮定することはできない。このことは特に，より低い定格電流の場合に適用されるが，同形シリーズのより高い定格電流にも適用されるであろう。与えられた適用のために選択したヒューズリンクの定格電流は，しばしば使用中の連続的な電流以外の他の要因によって決定される（**IEC/TR 60787** 参照）。しかしながら，もしも使用中の連続的な電流が決定要因であれば，次に示す条件で生じる効果に注意を払わねばならない。

　　a) ヒューズリンク周辺の媒体の温度
　　b) 接合部の形と大きさ
　　c) ヒューズリンクの向き
　　d) ヒューズリンクの容器
　　e) 太陽のふく射熱の影響
　　f) 強制冷却の影響

注記3　ヒューズリンクの定格電流を間違って選択した場合は，次の結果を招く。
- a) ヒューズエレメントの劣化
- b) 接触部の劣化
- c) 容器の劣化

注記4　ヒューズリンクとその容器は，相互に影響を与えるシステムを構成し，また，各部品は異なった製造業者が供給するので，適切な適用を可能にするには十分なデータが必要である。

A.4.2.2 変圧器用ヒューズの選定方法

A.4.2.2.1 基本的な考え方

変圧器用ヒューズの定格電流を選定する上で特に注意すべき事項は，次の3項目で，それ以外は **A.4.2.1** の一般的な選定基準を参照のこと。

a) 変圧器の許容過負荷でヒューズエレメントが劣化しないような，十分な定格電流のヒューズを選定する。

b) 変圧器の入り切り回数が100回以下の場合には，励磁突入電流–時間が，ヒューズの許容時間–電流特性以内になるような定格電流のヒューズを選定する（入り切り回数が100回を超える場合は**附属書G**参照）。

c) 変圧器の二次側短絡時に一次側ヒューズが動作して変圧器を保護するように，ヒューズの定格電流を選定する。この場合，限流ヒューズでは，その最小遮断電流が短絡時の一次側電流より小さくなるような定格電流を選定する。

注記1　前記 b) における選定としては，次のような簡易選定法がある。すなわち，励磁突入電流倍数と減衰時定数から実効電流 I (A) と継続時間 T (s) を次式により算出し選定する。

$$I = K \times I_0 \times \alpha$$

$$T = (2t - 1) \times \frac{1}{2f}$$

ここに，K：励磁突入電流倍数（＝励磁突入電流（波高値）／変圧器定格電流（波高値））

I_0：変圧器定格電流（A）

α：実効電流換算係数（**表 A.1** 参照）

t：減衰時定数（サイクル）

f：周波数（Hz）

この実効電流 I と継続時間 T とをヒューズの許容時間–電流特性曲線図上にプロットし，この点よりも許容時間–電流特性が上にくるようなヒューズを選定する。

表 A.1 — 実効電流換算係数

減衰時定数サイクル	α	
	三相変圧器	単相変圧器 [a]
2	0.649	0.590
3	0.575	0.523
4	0.543	0.494
5	0.527	0.479
6	0.516	0.469
7	0.508	0.462
8	0.502	0.456
9	0.496	0.451
10	0.494	0.449
11	0.491	0.446
注 [a] 単相変圧器は，三相変圧器に比べて励磁突入電流の半波持続時間が短いので，三相変圧器の1/1.1としてある。		

注記2 種類Tのヒューズは，変圧器の励磁突入電流を考慮した溶断特性になっているので，励磁突入電流の実効電流を算出したときに，この値がヒューズの定格電流の10倍以内であり，かつ，その継続時間が0.1秒以内であれば，入り切り回数が100回以下の場合のヒューズの定格電流を次式によって容易に選定できる。

種類Tのヒューズの定格電流 ≧ 変圧器の定格電流

A.4.2.2.2 2台以上の変圧器を一括保護する場合

a) 各相の常時通電電流（予測される過負荷電流，過渡電流を含む）を算出し，**A.4.2.2.1**の選定基準によりそれぞれ最適定格電流を求めた上，そのうちの最大定格電流のヒューズを三相とも適用する。

b) 各変圧器の二次側短絡時の変圧器の保護について**A.4.2.2.1 c)**の条件を満足するように選定を行うが，これが不可能な場合には，変圧器ごとに適切なヒューズを使用する必要がある。

A.4.2.2.3 計器用変圧器用ヒューズの場合

計器用変圧器用ヒューズは，その負荷電流を基準に選定すると，その定格電流が非常に小さくなるが，小さな定格電流のヒューズは，ヒューズエレメントが細く，機械的に断線しやすいので製作に限界がある。

したがって，計器用変圧器用ヒューズは，一般には，その負荷電流に比べて大きい定格電流で機械的断線の心配のないものを使用し，計器用変圧器の二次側短絡に対する保護は考えずに，計器用変圧器の破壊時や一次側短絡時の回路の保護用として**A.4.2.1 c) 1)** の回路の強度との協調がとれるように選定する。

A.4.2.2.4 変圧器用ヒューズの動作協調の例

図**A.1**は，変圧器用ヒューズの選定基準における各電流–時間関係を図示したもので，変圧器一次側にヒューズ，二次側に遮断器又は低圧ヒューズを設置した場合の動作協調図である。

a) 二次側保護装置を考慮しない場合，図において，各電流値及び時間–電流特性は，次の関係を満足する必要がある。

1) I_{T0} は F_1 の左側にある。また，$I_0 \leq I_r$ である。
2) P点は F_1 の左側にある。
3) $I_{S2} > I_{rM}$ であり，Q点は I_{S2} の左側にある。
4) $I_{S1} < I_{rS}$ である。

図において保護関係を考慮すれば，

- ①の範囲はヒューズが電源側を短絡から保護する。
- ②の範囲はヒューズが変圧器を保護する。
- ③の範囲はヒューズの不動作範囲である。
- ④の範囲はヒューズは溶断するが，遮断が保証されない。
- ⑤の範囲はヒューズの遮断が保証されているが，変圧器を保護しない。

したがって，このような範囲では，最小遮断電流 I_{rM} が十分小さく最小溶断電流 I_{rL} に近いヒューズでも，④の範囲が小さくなるのみで，変圧器を保護しない③＋④＋⑤の範囲は変化しない点に留意を要する。このような不利を幾らかでも解消する一方法は，二次側に適当な遮断器又は低圧ヒューズを用いてヒューズと動作協調をとることである。

b) 二次側に遮断器又は低圧ヒューズを用いる場合，前記 **a) 1)〜4)** の条件のほか，次の関係を満足する必要がある。

1) Q 点より小さい電流範囲で B は T の左（下）側にある。

2) I_{S2} より小さい電流範囲で B は F_1 の左（下）側にある。

3) $I_{S2} < I_{BS}$ である。

この場合，⑥の範囲の二次側事故は，二次側遮断器又は低圧ヒューズにより除去される。二次側遮断器又は低圧ヒューズは，分岐回路ごとに設置したものが前記 **b) 1)〜3)** の条件を満足すればよい。

しかし，二次側の保護装置を設置した場合も，ヒューズと二次側遮断器又は低圧ヒューズとの間で発生する回路事故及び変圧器の内部事故に対し③＋④＋⑤の範囲の電源側及び変圧器に対する保護の不備は解消しない点に留意を要する。このような事故は，発生の確率が少ないとも考えられるが，なお万全を期するためには **A.4.2.4** に示すように一次側にこの範囲を保護する高圧接触器などを置く必要がある。

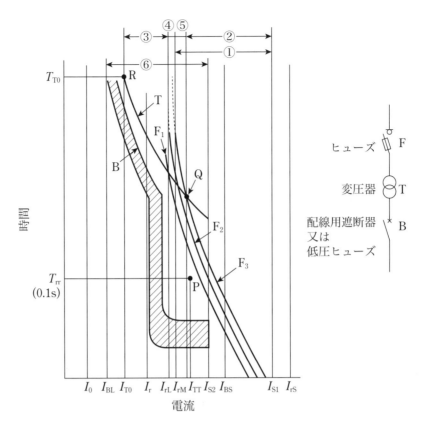

F_1：ヒューズの許容時間－電流特性　　　　F_2：ヒューズの溶断特性
F_3：ヒューズの動作特性　　　　　　　　　T：変圧器の許容過負荷電流特性
B：二次側遮断器又は低圧ヒューズの動作特性（一次側換算）
I_0：変圧器の全負荷電流（一次側換算）
I_{T0}：変圧器の許容過負荷電流（対応する許容時間 T_{T0}）（一次側換算）
I_{TT}：変圧器の無負荷励磁突入電流（持続時間 T_{TT}）
I_r：ヒューズの定格電流　　　　　　　　　I_{rL}：ヒューズの最小溶断電流
I_{rM}：ヒューズの最小遮断電流　　　　　　I_{rS}：ヒューズの定格遮断電流
I_{S1}：一次側短絡電流　　　　　　　　　　I_{S2}：二次側短絡電流（一次側換算）
I_{BS}：二次側遮断器又は低圧ヒューズの定格遮断電流（一次側換算）
I_{BL}：二次側遮断器又は低圧ヒューズの最小動作電流（一次側換算）
P：(I_{TT}, T_{TT})　　　Q：TとF_3の交点　　　R：(I_{T0}, T_{T0})

図 A.1 ― 変圧器用ヒューズの動作協調図

A.4.2.3 電動機用ヒューズの選定方法

変圧器用ヒューズの場合と同様に主として短絡時の保護用として定格電流を選定するものとし，特に注意すべき事項は，次の3項目である。それ以外は，**A.4.2.1** の一般的選定基準を参照。

a) 電動機の許容過負荷でヒューズエレメントが劣化しないよう，十分な定格電流のヒューズを選定する。

b) 電動機の入り切り回数が100回以下の場合には，始動電流–時間がヒューズの許容時間–電流特性以内になるような定格電流のヒューズを選定する。

c) 頻繁な始動停止又は逆転をする電動機用ヒューズは，前記 **b)** より選定する定格電流よりも大きな定格電流とする必要がある（選定に当たっては**附属書 G** 参照）。

注記　種類Mのヒューズは，電動機の始動電流を考慮した溶断特性となっているので，始動電流がヒューズ定格電流の5倍以内であり，かつ，その継続時間が10秒以内であれば，入り切り回数が10 000回以下の場合のヒューズの定格電流を次式によって容易に選定できる。

種類Mのヒューズの定格電流 ≧ 電動機の全負荷電流

A.4.2.4 高圧接触器と組み合わせるヒューズの選定方法

ヒューズの許容時間–電流特性と接触器の動作特性との交点がヒューズの最小遮断電流以上で，ヒューズの動作特性と接触器の最小動作特性（開極特性）との交点が接触器の定格遮断電流以下になるような定格電流のヒューズを選定する。

図 A.2 は，高圧接触器と組み合わせる電動機用ヒューズの選定基準における各電流–時間の関係を図示した動作協調図である。図において，各電流値及び時間–電流曲線は，次の関係を満足する必要がある。

a) $I_0 \leq I_r$，$I_{S1} < I_{rS}$，$I_{LT} < I_{CS}$ である。
b) P点は，C_2 及び F_1 の下（左）側にある。
c) C_1 は L の下（左）側にある。
d) Q点は，I_{rM} の右側にあり R点は，I_{CS} より左側にある。

この場合，Q点より小さい電流域は接触器により保護され，R点より大きい電流域はヒューズにより保護される。

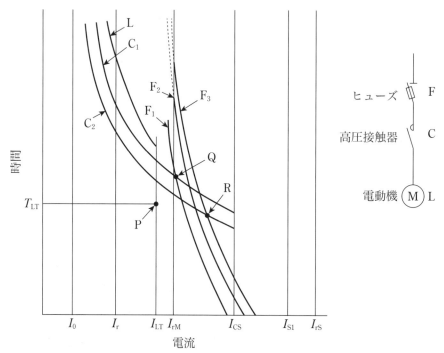

F_1：ヒューズの許容時間–電流特性 F_2：ヒューズの溶断特性
F_3：ヒューズの動作特性 C_1：高圧接触器の動作特性
C_2：高圧接触器の最小動作特性（開極特性） L：電動機の過負荷特性
I_0：電動機の全負荷電流 I_{LT}：電動機の始動電流（拘束電流）
T_{LT}：電動機の始動時間 I_r：ヒューズの定格電流
I_{rM}：ヒューズの最小遮断電流 I_{rS}：ヒューズの定格遮断電流
I_{S1}：短絡電流 I_{CS}：高圧接触器の定格遮断電流
P：(I_{LT}, T_{LT}) Q：C_1 と F_1 の交点 R：C_2 と F_3 の交点

図 A.2 — 高圧接触器と組み合わせるヒューズの動作協調図

A.4.2.5 コンデンサ用ヒューズの選定方法

高圧コンデンサ回路にラインヒューズとして用いるヒューズの定格電流を選定する上で，特に注意すべき事項は，次の4項目である。これ以外は **A.4.2.1** の一般的な選定基準を参照。

a) 次により，コンデンサ回路の許容過負荷で，ヒューズエレメントが劣化しないよう十分な定格電流のヒューズを選定する。

1) 直列リアクトルがない場合は，コンデンサ定格電流の150％の許容過負荷電流を考慮する。

2) 直列リアクトル（6％）がある場合は，コンデンサ定格電流の120％の許容過負荷電流を考慮する。

b) 次により，コンデンサの過渡電流でヒューズエレメントが劣化しないように過渡電流−時間を上回った許容時間−電流特性のヒューズを選定する。

1) 直列リアクトルがない場合は，コンデンサ定格電流の70倍の電流（実効値）が0.002秒間継続する過渡電流を考慮する。

2) 直列リアクトル（6％）がある場合は，コンデンサ定格電流の5倍の電流（実効値）が0.1秒間継続する過渡電流を考慮する。

c) 次により，コンデンサが内部短絡して，ヒューズが動作したとき，コンデンサケースを破壊しないようなヒューズを選定する。

1) 直列リアクトルがない場合は，ヒューズの最大動作 I^2t がコンデンサ容器の耐 I^2t より小さい値であることを考慮する。

2) 直列リアクトル（6％）がある場合は，図A.3のようにヒューズの動作特性がコンデンサ容器の破壊確率曲線の保護を期待する範囲において下回っていることを考慮する。

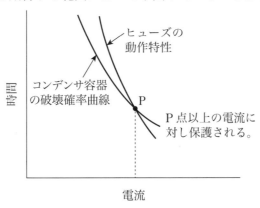

図A.3 — コンデンサ用ヒューズの動作協調図

d) 並列コンデンサがある場合には，投入時に並列コンデンサからの流れ込みがあるために，これと電源からの突入電流を加えた突入電流に耐える定格電流のヒューズを選定する。

A.4.3 ヒューズリンクの定格電圧の選定

ヒューズリンクの定格電圧は，次の事項に注意して選定しなければならない。

a) ヒューズの定格電圧は，使用回路の最高線間電圧以上であること。なお，三相回路用として3極それぞれにヒューズを使用することを前提として，この規格はできているので，単相回路にも2極それぞれにヒューズを使用しなければならない。

b) もし，三相の中性点直接接地方式，又はインピーダンス又は抵抗での接地方式に使用されるなら，ヒューズリンクの定格電圧は，少なくとも最も高い線間電圧に等しくなければならない。

c) 中性点非接地の三相回路に適用する場合で，ヒューズの電源側と負荷側での異相地絡による遮断及び一線地絡時の充電電流による遮断は，発生の機会が少なく，この規格ではこれらの条件における性能は考慮されていないので，ヒューズによる遮断は期待できない。

A.4.4 ヒューズリンクの定格遮断電流の選定

ヒューズリンクは，定格遮断電流が不足すると，ヒューズリンクの爆発を起こす危険があるので，次のことに注意の上，十分な定格遮断電流をもったものを使用しなければならない。

a) 回路の短絡電流

回路の短絡電流は，ヒューズの電源側に入っている発電機，変圧器及び電動機（ヒューズ回路と並列に設備されている場合）の誘導起電力と，それら機器から短絡点までのインピーダンスによって定まる。特にヒューズは動作が速いので短絡電流に対する電動機の寄与分の流入を無視できない点に注意を要する。

b) 所要定格遮断電流

回路の対称短絡電流を求め，それ以上の定格遮断電流をもつヒューズを選定する。ただし，非限流ヒューズでは，回路の力率が判明しているときには，回路の非対称短絡電流を求め，それ以上の非対称定格遮断電流をもつものを使用してもよい。

A.4.5 並列に接続したヒューズ

1本のヒューズだけで得られるより大きい定格電流を得るために同じ形の表示内容と定格をもつ個々のヒューズリンクを使用者が並列に接続することができる。この場合次の事項に注意しなければならない。

a) 与えられたヒューズの設計が並列接続に適しているか否かの決定についてヒューズ製造業者の助言を求めること。

b) 合成定格電流は，通常例えば近接の熱の影響で，個々のヒューズの和よりも若干小さくなる。

c) 動作中の合成した I^2t 値は，ほぼ単一のヒューズリンクの $n \times I^2t$ に等しい。ここで n は接続するヒューズリンクの数である。

d) 動作中の合成した限流値は，単一ヒューズリンクにおける限流値に対して近似的に n 倍に等しい。ここで n は並列に接続したヒューズリンクの数である。

e) 製造業者の助言がない限り，合成したヒューズの最大遮断容量は単一のそれより大きくないこと及び合成した最小遮断電流は，それを n 倍した値よりも小さくないことが想定される。ここで n は並列ヒューズの数である。

A.4.6 断路形ヒューズの操作

断路形ヒューズの操作は，次による。

a) ヒューズを操作する場合は，電流を開閉しないことを原則とする。

b) ヒューズリンクの正面から必要以上の力を入れずに軽く開閉する。必要以上の力で操作すると，ヒューズリンクがその衝撃で破損することがある。

c) 閉路した場合は，ヒューズリンクが閉路位置に正しく位置して確実に閉路されているかどうかを確認する。

A.4.7 保守点検

保守点検は，次による。

a) ヒューズは，使用状態によってその汚損劣化程度が大きく変わるので，保守点検の頻度は，一律には定められないが，少なくとも年に1回程度の点検が望ましい。

b) 予備のヒューズリンク又は取替えユニットは，吸湿，損傷しないように，しかも必要なときには，迅速，確実に使用できる状態で準備保管する。その個数は，三相回路用としては3本ひと組，単相回路用としては2本ひと組として準備する。

c) ヒューズ動作時，三相回路用3本・単相回路用2本のうち溶断せずに残ったヒューズがある場合も，そのヒューズにも事故電流が流れてヒューズエレメントが劣化しているおそれがあるので3本又は2本ひと組全部を取り替えることを推奨する。

d) 保守点検項目は，次による。

　1) 支持がいしにひび割れなどの異常がないかを点検し，塩分煙じんなどの異物が付着しているとき

は清掃する。
2) 接触部の異常の有無を点検し，アークの痕跡があったり変色したものは取り替える。
3) ヒューズリンクの外面の変色や汚損状態を調べて清掃し，もし，劣化しているヒューズリンクがあれば取り替える。
4) 締付部分の緩みの有無及び掛合部分の良否を点検する。

A.4.8 廃棄

製造業者は，環境に配慮するためにヒューズの廃棄に関する情報を提供することが望ましい。

廃棄に関して法令に従うことは使用者の責任である。

附属書 B
（規定）
標高 1 000 m を超える場合の耐電圧と温度上昇

標高が 1 000 m を超える場所で使用されるヒューズに対して，耐電圧又は温度上昇を通常の標高の場所で試験する場合，又は定格電流を補正して使用する場合は，次のとおりとする。

a) 耐電圧試験値の補正

表 2 及び表 3 に示す耐電圧の標準値に表 B.1 に示す補正係数（Ⅰ）を乗じた値を耐電圧試験値として試験する。

b) 温度上昇限度又は定格電流の補正

表 6 に示す温度上昇限度に表 B.1 に示す補正係数（Ⅱ）を乗じた値を温度上昇限度として試験をするか，又は定格電流を表 B.1 に示す補正係数（Ⅲ）を乗じた値に補正して使用する。

表 B.1 ― 標高に対する補正係数

標高 m	耐電圧試験値の補正係数（Ⅰ）[a]	温度上昇限度の補正係数（Ⅱ）[a]	定格電流の補正係数（Ⅲ）[a]
1 000	1.0	1.0	1.0
1 500	1.05	0.98	0.99
3 000	1.25	0.92	0.96
注[a]　1 000 m と 1 500 m 又は 1 500 m と 3 000 m の間の標高に対する補正係数は，直線内挿法によって求めるものとする。			

附属書C
（規定）
過渡回復電圧規約値の決定法

C.1 過渡回復電圧の求め方

過渡回復電圧のパラメータの規約値は，次に示す作図法により求めるものとする。

ここに，　u_c：波高値（kV）

$\dfrac{u_c}{t_3}$：規約上昇率（kV/μs）

t_3：規約波高時間（μs）

t_d：遅れ時間（μs）

C.2 単一周波の波形の場合

図C.1は，過渡回復電圧の測定波形である。

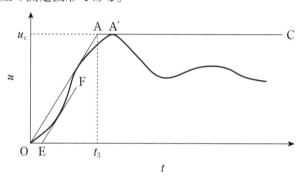

OA：原点から第1波の波高部に引いた接線
AC：波高点A'において時間軸に平行に引いた直線
u_c：点A'の電圧座標
t_3：点Aの時間座標
EF：固有過渡回復電圧上昇率と等しい傾斜をもち波形に接する線分
OE：遅れ時間（t_d）

図C.1

C.3 指数関数波形の場合

図C.2は，過渡回復電圧の測定波形である。

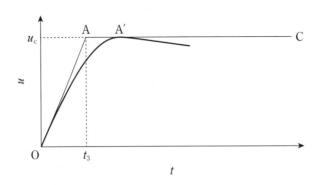

OA：原点から第1波の波高部に引いた接線
AC：波高点 A' において時間軸に平行に引いた直線
u_c ：点 A' の電圧座標
t_3 ：点 A の時間座標

図 C.2

附属書 D
（参考）
ヒューズと回路の固有過渡回復電圧

D.1 ヒューズと回路の固有過渡回復電圧

遮断器が設置された回路点の固有過渡回復電圧は，遮断器の遮断過程に大きな影響を与える場合が多いということと，その波高値と上昇率の増加とともにその過酷度が増大する傾向にあるということは，周知の事実である。**JEC-2300** は，この事実に基づいて，遮断器が遮断できる回路の固有過渡回復電圧の限度を"定格過渡回復電圧標準値"としてその定格事項に指定している。

ヒューズの場合には，過渡回復電圧の遮断に与える影響は，次節以下に記載するように，ヒューズの種類と遮断電流の大きさによってかなり顕著に相違する。しかし，総体的に見るならば，その影響は，遮断器の場合に比べれば軽微である。したがって，ヒューズに関しては，"定格過渡回復電圧標準値"を導入する意義は少ないと判断される。しかし，これとは別に，試験条件の一定化の見地から見れば，試験回路の固有過渡回復電圧波形の標準化は望ましいことである。このために，**JEC-2330**-1986 では，限流ヒューズの試験系列 1 及び試験系列 2 並びに非限流ヒューズの試験系列 1 の回路に対して，それぞれ固有過渡回復電圧標準値を定め，特に，両ヒューズの試験系列 1 の回路の固有過渡回復電圧波形は，できるだけ規定された値に近いことが望ましいとした。この規格では過渡回復電圧標準値に関する基本的な考えは踏襲するものの試験条件一定化の見地から，固有過渡回復電圧標準値を**表 10 ～ 表 12** に規定した。また，**JEC-2300** の改正に合わせ，**表 10** に示す限流ヒューズ試験系列 1 の回路の固有過渡回復電圧標準値の定格電圧 72 kV 及び 84 kV の波高値を変更した。

D.2 限流ヒューズの試験系列 1 と回路の固有過渡回復電圧

限流ヒューズの大電流遮断は，その強力な限流作用に依存しているが，この限流作用は，電源電圧を超えるアーク電圧に基づいている。したがって，もし試験系列 1 に際して，何らかの原因でアーク電圧をあるレベル以上に維持できなくなったときには，アーク電流が急増し，多くの場合，ヒューズリンクが爆発的に破壊する。試験系列 1 の失敗には，このほかに，ヒューズの発弧瞬時に発生する動作過電圧の規定限度値超過がある。しかし，これらの現象は，いずれも電流ゼロ値に現れる過渡回復電圧とは直接関係がない。

また，試験系列 1 に成功した遮断測定波形は，例外なく，アーク電流がその最初のゼロ値で消弧することを示している。その理由は，アーク抵抗が十分に高い値に維持されるために，アーク電流波形が電源電圧波形とほぼ同相になり，その結果，消弧瞬時の回復電圧瞬時値が低い値に抑えられ，加えて，この瞬時の砂中のアーク通路の残留コンダクタンスが高いために，この低い過渡回復電圧が，更に強く減衰させられるからである。

以上の考察の結果として，限流ヒューズの大電流遮断に対しては，回路の固有過渡回復電圧はほとんど影響しないと考えられる。

IEC 60282-1 では，原則として，規定した過渡回復電圧の標準値で試験することとしている。しかし同規格の **Annex B** に述べられているように，アーク電圧の最大値がアーク発生直後に生じる場合を除き，限流ヒューズでは過渡回復電圧の特性に敏感ではないとしている。

表 10 の値は，試験回路の固有過渡回復電圧標準値である。

この規格の対象とするヒューズの定格電圧標準値の最高は，84 kV であるから，過渡回復電圧の表示は，2パラメータ法によっている。また，この規格の限流ヒューズの試験電圧標準値と定格遮断電流値は，いずれも **JEC-2300** に規定された標準値系列に含まれるので，遮断器の定格遮断電流に対する試験回路をそのまま使用できるように，その固有過渡回復電圧標準値と同一値を **表 10** に規定した。

D.3　限流ヒューズの試験系列 2 と回路の固有過渡回復電圧

この試験系列の電流は，ヒューズの定格電流にほぼ比例する。したがって，定格電流が小さく定格電圧の高いヒューズの場合ほど，回路に挿入されるリアクトルの容量が増大する。その結果，回路の固有振動数は，場合によっては 1 kHz 以下にも低下し，これに伴って，過渡回復電圧上昇率も試験系列 1 の場合に比べて著しく低下する。このために，アーク電流のゼロ値到達後のアーク通路の絶縁回復は，確実に行われ，消弧は，いったんは容易に行われる。

しかし，回路に挿入された大きなリアクタンスは，アーク電流ゼロ値の回復電圧瞬時値を試験系列 1 の場合よりもやや増大させる。また，アーク通路の高い絶縁回復は，この比較的大きな振幅の低周波過渡回復電圧振動の減衰を軽微にする。このために，回復電圧が最初の波高値に近づくころに再発弧が発生し，これによってヒューズ筒が破裂する場合がある。すなわち，この場合には，固有過渡回復電圧上昇率の低いことがかえって遮断失敗を招いている。

周知のように，実系統では，短絡容量の小さい回路の固有過渡回復電圧上昇率は，大きい回路のそれよりは一般に大きい。したがって，試験系列 2 は，極端に不利な条件下の試験となるが，この試験に合格したヒューズは，いかなる回路条件のもとでも試験系列 2 の電流を遮断できるといえる。

表 11 に規定する規約波高時間と規約上昇率に関しては，定格電流が著しく小さなヒューズリンクに対しては，これを規定範囲内に収めることが困難な場合がある。しかし，それは過酷側にあるので製造業者が了承するならば差し支えない。

D.4　非限流ヒューズの試験系列 1 と回路の固有過渡回復電圧

非限流ヒューズの消弧は，アークを取り囲む固体絶縁物の分解ガスの噴流によって行われる。したがって，この形のヒューズの消弧原理は，空気又はガス遮断器に類似した一面を有するが，ガスは，かなり高温でしかもヒューズエレメントの気化蒸気を多量に含むために，空気や SF_6 に比べてかなり導電性が高いと考えられる。したがって，非限流ヒューズの遮断に際しては，過渡回復電圧の減衰が大きく，このために，回路の固有過渡回復電圧波形が遮断に対して強い影響を及ぼすことはないと想定される。この点に関して，現時点では資料が得られないが，非限流ヒューズに対する諸外国の規格がいずれも過渡回復電圧に対して規定していないのは，同じ考えに基づくものと思われる。この規格では，このような考えのもとに，非限流ヒューズに対しても"定格過渡回復電圧"を採用していない。

非限流ヒューズの試験系列 1 の電圧と電流は，それぞれ定格電圧と定格遮断電流の 100 % 値であるが，これは次の理由に基づいている。この形のヒューズエレメントは，通常，単一エレメントが用いられ，しかもその材料には，合金が使用される場合が少なくない。このために，ヒューズエレメントの断面積は，同一定格電流の限流ヒューズに比べてはるかに大きくなり，同一定格遮断電流に対する溶断時間が長くなる。このことは，定格電流の増大とともに顕著になる。

定格遮断電流に対する溶断時間が増大すれば，これに伴ってヒューズ個体間の溶断時間差も増大する。このために，三相短絡に際しては，直流分含有率の相違が加わって，一相のヒューズが消弧完了し，続いて二相目のヒューズが消弧しようとするときに残りの相のヒューズがいまだに発弧していない場合が生ず

る。このとき，二相目のヒューズは，三相短絡電流によって発弧し，線間電圧のもとにこの電流の87 %を遮断することになる。非限流ヒューズの試験系列1は，この二相目のヒューズに対する試験である。

JEC-2300 に規定する遮断器の異相地絡遮断試験は，定格電圧のもとに定格遮断電流の87 %を遮断する試験である。したがって，非限流ヒューズの試験系列1の回路の固有過渡回復電圧標準値としては，この試験回路の標準値と等しい値を選び**表12**に規定した。

附属書 E
（参考）
溶断特性のバーチャル時間表示

　溶断特性は，**4.10.1** に規定されるようにバーチャル時間で表示される。これは溶断時間が数サイクル以下の場合，正弦波の一定電流の試験が困難であり，特に溶断時間が 1 サイクル以下の場合は，投入位相角の変化による実際の溶断時間の変動も大きく，かつ電流波形のひずみも大きい。このような状態での実測時間及び電流の平均値の表示は困難であるので，投入位相角に関係なく，しかも限られた溶断時間の範囲（熱伝導放散の影響が無視できる範囲）内ではほぼ一定と見なすことのできる通過電流の 2 乗の時間積分値（I^2t）から求めた時間（バーチャル時間）を表示することとしたものである。

附属書 F
(参考)
許容時間−電流特性

許容時間−電流特性は，次のような場合に使用されている。
a) 例えば変圧器二次側配線用遮断器のような負荷側保護機器との動作協調を検討する。
b) 回路又は機器の過渡電流に対する協調を検討する。

(**附属書 A，図 A.1** 参照)

このうち，**a)** については，これら過電流保護機器が機器の寿命中に動作するような事故の発生の頻度は少ないと考えられ，また，一般に 60 秒以下の協調が必要となるので，60 秒許容電流を 3 回繰り返しても溶断特性がばらつき幅に入っていることと規定した。

また，繰返し開閉回数の比較的少ない場合の **b)** の検討にも使用できるように，60 秒許容電流を 100 回繰り返しても溶断しないことと規定した。**b)** の検討のためには，更に多い繰返し回数を規定するという意見もあったが，これが多くなると，許容時間−電流特性と動作特性との間隔が広くなり，**a)** の検討用としては協調がとり難くなるので，前記の規定とすることとした。

附属書 G
(参考)
繰返し過電流特性

変圧器の励磁突入電流及び電動機の始動電流,コンデンサの過渡突入電流は,各機器の構造や使用条件によって大きく異なる。**表 14** では種類 T のヒューズ"定格電流の 10 倍,0.1 秒間通電"は変圧器の励磁突入電流を,また,種類 M のヒューズ"定格電流の 5 倍,10 秒間通電"は電動機の始動電流,種類 C のヒューズ"定格電流の 70 倍,0.002 秒間通電",種類 LC のヒューズ"定格電流の 5 倍,0.1 秒間通電"は,過渡突入電流を規約的に規定したものである。

また,その繰返し回数も使用条件によって大きく異なる。**表 14** では,種類 T,C,LC のヒューズは 100 回,種類 M のヒューズは 10 000 回と規定したが,これはそれぞれの数回/年,数回/日の繰返しを考慮したものである。さらに多い繰返し回数が必要な場合には,製造業者から提示された**図 G.1** に示すような繰返し回数 N と係数 S との関係を示す特性から適切な大きさの定格電流のヒューズを選定する。

ここに,係数 S は**図 G.2** に示すように溶断特性から次式によって求める。

$$係数\ S = \frac{t\ 秒間通電電流\ (I)}{t\ 秒における溶断電流\ (I_\mathrm{m})}$$

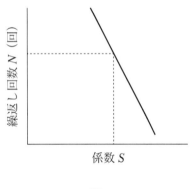

図 G.1

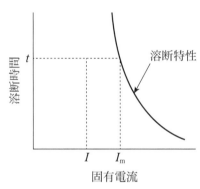

図 G.2

附属書 H
（参考）
$I^2 t$ の求め方

H.1 溶断時間が 10 サイクル以上の場合の溶断 $I^2 t$

図 H.1 は，電流測定波形である。

電流の包絡線 AA'，及び BB' 間の縦線に平行な距離の 2 等分 CC' を描き，時間軸上の溶断時間 t を 10 等分し，次式により溶断 $I^2 t$ を求める。

$$I^2 t = \frac{t}{30}[I_0^2 + 4(I_1^2 + I_3^2 + I_5^2 + I_7^2 + I_9^2) + 2(I_2^2 + I_4^2 + I_6^2 + I_8^2) + I_{10}^2]$$

$$I_0 = \sqrt{\left(\frac{X_0}{\sqrt{2}}\right)^2 + Y_0^2}$$

$$I_1 = \sqrt{\left(\frac{X_1}{\sqrt{2}}\right)^2 + Y_1^2}$$

$$\vdots$$

$$I_{10} = \sqrt{\left(\frac{X_{10}}{\sqrt{2}}\right)^2 + Y_{10}^2}$$

$X_0 = \overline{F_0 E_0}$ $\quad Y_0 = \overline{0 F_0}$
$X_1 = \overline{F_1 E_1}$ $\quad Y_1 = \overline{1 F_1}$

$\vdots \quad\quad\quad\quad \vdots$

$X_{10} = \overline{F_{10} E_{10}}$ $\quad Y_{10} = \overline{10 F_{10}}$

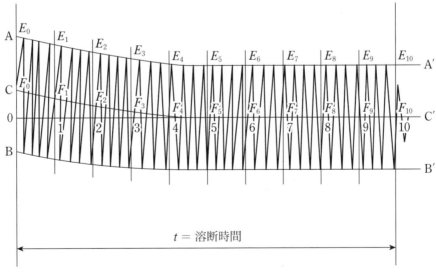

図 H.1

H.2 溶断時間が 1.5 サイクル以上 10 サイクル未満の場合の溶断 I^2t

図 H.2 は，電流測定波形である。

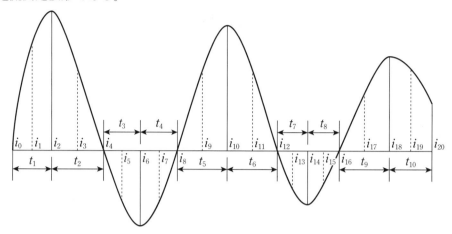

図 H.2

各半波について最大値を境とした左右の区間をそれぞれ 2 等分し，次式によって I^2t を求め，その合計を溶断 I^2t とする。

$$t_1 \text{区間} \quad I^2t_1 = \frac{t_1}{6}(4i_1{}^2 + i_2{}^2)$$

$$t_2 \text{区間} \quad I^2t_2 = \frac{t_2}{6}(i_2{}^2 + 4i_3{}^2)$$

$$\vdots$$

$$t_{10} \text{区間} \quad I^2t_{10} = \frac{t_{10}}{6}(i_{18}{}^2 + 4i_{19}{}^2 + i_{20}{}^2)$$

H.3 溶断時間が 1.5 サイクル未満の場合の溶断 I^2t

図 H.3 は，電流測定波形である。

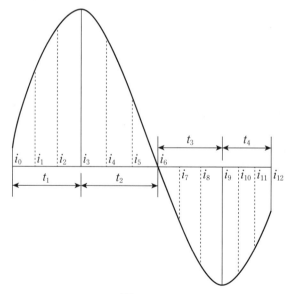

図 H.3

各半波について最大値を境とした左右の区間をそれぞれ3等分し，次式によってI^2tを求め，その合計を溶断I^2tとする。

t_1区間　　$I^2t_1 = \dfrac{t_1}{8}(3i_1^2 + 3i_2^2 + i_3^2)$

t_2区間　　$I^2t_2 = \dfrac{t_2}{8}(i_3^2 + 3i_4^2 + 3i_5^2)$

$\vdots$

t_4区間　　$I^2t_4 = \dfrac{t_4}{8}(i_9^2 + 3i_{10}^2 + 3i_{11}^2 + i_{12}^2)$

ただし，t_4区間が短い場合は，この区間を2等分して次式によって求めてもよい。

$$I^2t_4 = \dfrac{t_4}{6}(i_9^2 + 4i^2 + i_{12}^2)$$

ここに，i：t_4区間を2等分したときの電流値

H.4　動作 I^2t

図H.4は，電流測定波形である。

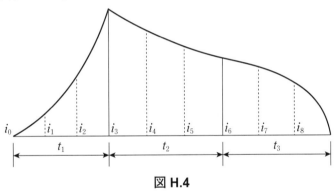

図 H.4

H.4.1　溶断 I^2t

溶断時間t_1を3等分し，次式によって求める。

$$I^2t_1 = \dfrac{t_1}{8}(3i_1^2 + 3i_2^2 + i_3^2)$$

H.4.2　アーク期間中の I^2t

電流波形の変曲点を境として2個又は3個の区間に分け，それぞれの区間を3等分し，次式によって求め，その合計をアーク期間中のI^2tとする。

t_2区間　　$I^2t_2 = \dfrac{t_2}{8}(i_3^2 + 3i_4^2 + 3i_5^2 + i_6^2)$

t_3区間　　$I^2t_3 = \dfrac{t_3}{8}(i_6^2 + 3i_7^2 + 3i_8^2)$

H.5 電流波形が直線で近似できる場合
H.5.1 三角波の場合
図 **H.5** は，電流測定波形の一部である。
$$I^2 t = \frac{t_1}{3} i_1^2$$

H.5.2 台形波の場合
図 **H.6** は，電流測定波形の一部である。
$$I^2 t = \frac{t_1}{3} (i_1^2 + i_1 \cdot i_2 + i_2^2)$$

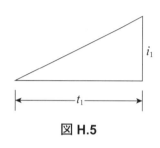

図 **H.5**

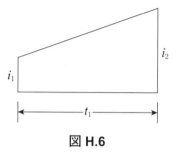

図 **H.6**

附属書I
（参考）
ヒューズ試験報告書

I.1 試験報告書の例

報告書番号

試験年月日　時　　年　　月　　日　　　　試験
　　　　　　至　　年　　月　　日　　　　照査

名称　　　　　　　　　　　　　　　　　　承認

　　注記　ヒューズリンクの名称を具体的に記入する。

ヒューズリンクの定格

形式[a]		規格番号	JEC-　　　：	
定格電圧	V	総質量		kg
定格周波数	Hz	製造番号／製造年		
定格電流	A	製造業者名		
定格遮断電流	kA			
最小遮断電流	A			

注[a]　製造業者特有の形式記号を記入する。

ヒューズホルダの定格

形式[a]			規格番号	JEC-　　　：	
定格電圧		kV	総質量		kg
定格周波数		Hz	製造番号／製造年		
定格電流		A	製造業者名		
定格耐電圧	雷インパルス	kV			
	商用周波（実効値）	kV			

注[a]　製造業者特有の形式記号を記入する。

I.1.1 構造点検

	項目[a]	結果		項目[a]	結果
一般構造	材料	良	断路形機構部	接触部	良
	塗装及び塗色	良		絶縁物の処理	良
	防錆（さび）処理	良		閉路接触状態	良
	組立て状況及び取付け方法	良		開路状態	良
	取付け寸法（外形図と対照）	良		操作状況	良
	各部のめっき箇所	良			
	がいし	良			
	ベース（溶接部分など）	良			
	接地端子	良			
	外観検査	良			

注[a]　ヒューズリンク，ヒューズホルダの構造により必要な項目を設定する。

I.1.2 開閉試験（断路形ヒューズのみ）

a) 試験条件

無電圧開閉回数（回）[a]
注 [a] 回数は50回を標準とする。

b) 試験結果

項目	結果	周囲温度
操作状況	良	－
締結部の緩み	良	－
外観検査	良	－
開閉試験前の抵抗値	Ω 又は mΩ	℃
開閉試験後の抵抗値	Ω 又は mΩ	℃

I.1.3 温度上昇試験・ワット損試験

a) 試験条件

周波数（Hz）
試験状態
取付け方向
接続導体
標高 [a]
注 [a] 常規使用状態は1 000 m以下。

b) ワット損試験

項目	通電電流 A	ワット損 W
定格電流の50 %		
定格電流の100 %		

c) 温度上昇試験

試験電流 A	周囲温度 ℃	温度上昇 K				
		主回路端子接続部 [a]		ヒューズリンク接触部 [a]		ヒューズリンクの絶縁部分 [a]
		電源側 a [a]	負荷側 b [a]	電源側 c [a]	負荷側 d [a]	e [a]
温度計の種類						
接触の種別						
注 [a] 測温箇所は構造に応じて設定し，必要に応じて図面に明示する。						

d) 抵抗測定

項目	結果 Ω 又は mΩ	周囲温度 ℃
温度上昇試験前		
温度上昇試験後		

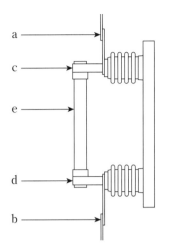

図 I.1 — 温度上昇試験測定箇所（例）

I.1.4 商用周波耐電圧試験
I.1.4.1 乾燥の場合
a) 試験条件

周波数（Hz）
印加時間（s）

b) 大気状態

気圧（hPa）
気温（℃）
湿度（%）又は（g/m^3）

c) 試験結果

試験 No.	開閉状態	印加端子 [b]	試験電圧 kV	結果	備考
1	閉	Aa		良	
2	閉	Bb		良	
3	閉	Cc		良	
4 [a]	開	A		良	
5 [a]	開	B		良	電圧を印加する端子以外は全て接地する。
6 [a]	開	C		良	
7 [a]	開	A		良	
8 [a]	開	B		良	
9 [a]	開	C		良	
注 [a] 断路形ヒューズのみ実施 [b] 記号の意味は**図 I.2** 参照					

I.1.4.2 注水の場合
a) 注水条件

注水量の垂直成分（mm/min）
注水の抵抗率（Ω・m）
注水角度　垂直方向に対して　　度

b) 試験条件

周波数（Hz）
印加時間（s）

c) 大気状態

気圧（hPa）
気温（℃）
湿度（%）又は（g/m³）

試験結果の表示は，**I.1.4.1**に同じ

I.1.5 雷インパルス耐電圧試験

a) 試験条件

電圧波形　±1.2/50（μs）

b) 大気状態

気圧（hPa）
気温（℃）
湿度（%）又は（g/m³）

c) 試験結果

試験No.	開閉状態	印加端子[b]	試験電圧 kV	結果	備考
1	閉	Aa		良	
2	閉	Bb		良	
3	閉	Cc		良	
4[a]	開	A		良	
5[a]	開	B		良	電圧を印加する端子以外は全て接地する。
6[a]	開	C		良	
7[a]	開	A		良	
8[a]	開	B		良	
9[a]	開	C		良	
注[a]　断路形ヒューズのみ実施 [b]　記号の意味は**図I.2**参照					

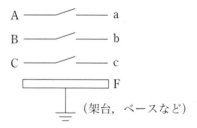

図I.2 — 印加端子

I.1.6 溶断特性試験

a) 試験条件

電圧（kV 又は V）
周波数（Hz）
周囲温度（℃）
試験状態
取付け方向
接続導体

b) 試験結果

No.	試験の種類	通電電流[a] A	溶断時間 s	結果
1	不溶断		2時間以内に溶断しない	良
2	最小溶断			良
3	600 秒溶断			良
4	10 秒溶断			良
5	0.1 秒溶断			良
6	0.01 秒溶断			良

注[a] 溶断特性上の指定時間に対する電流値

I.1.7 許容時間−電流特性試験

a) 試験条件

電圧（kV 又は V）
周波数（Hz）
周囲温度（℃）
試験状態
取付け方向
接続導体

b) 試験結果

No.	試験の種類	繰返し通電試験				60 秒溶断特性試験		結果
		通電電流[a] A	通電時間 s	通電間隔 min 又は s	通電回数 回	通電電流[b] A	溶断時間 s	
1	A		60		3			良
2	A		60		3			良
3	A		60		3			良
4	B		60		100	−	−	良
5	B		60		100	−	−	良
6	B		60		100	−	−	良

注[a] 60 秒許容電流
　[b] 60 秒溶断電流

I.1.8 繰返し過電流試験

a) 試験条件

電圧（kV 又は V）
周波数（Hz）
周囲温度（℃）
試験状態
取付け方向
接続導体

b) 試験結果

No.	通電電流 A	通電時間 s	通電間隔 min 又は s	通電回数 回	結果
1					良
2					良
3					良

I.1.9 遮断試験

I.1.9.1 試験系列 1

a) 試験条件

商用周波回復電圧（定格電圧に対する％又は kV）
固有過渡回復電圧
波高値（kV）
規約上昇率（kV/μs）
規約波高時間（μs）
遅れ時間（μs）
力率

b) 試験結果

試験 No.	遮断電流 kA 又 は A	百分率 直流分 ％[a]	投入 位相角	発弧 位相角	溶断時間 サイクル, ms 又は s	アーク時間 サイクル, ms 又は s	動作時間 サイクル, ms 又は s	限流値 kA 又は A [b]	溶断 I^2t A^2s	動作 I^2t A^2s [b]	動作過 電圧 kV	商用周波 回復電圧 ％又は kV	回復電圧の 継続時間 s	ヒュー ズの 状態
1														
2														
3														

注 [a] 非限流ヒューズのみ。
　 [b] 限流ヒューズのみ。

I.1.9.2 試験系列 2

a) 試験条件

商用周波回復電圧（定格電圧に対する％又は kV）
固有過渡回復電圧
波高値（kV）
規約上昇率（kV/μs）
規約波高時間（μs）
力率

b) 試験結果

試験 No.	遮断電流 kA 又は A	百分率 直流分 %[a]	投入 位相角	発弧 位相角	溶断時間 サイクル, ms 又は s	アーク時間 サイクル, ms 又は s	動作時間 サイクル, ms 又は s	限流値 kA 又は A[b]	溶断 I^2t A^2s	動作 I^2t A^2s [b]	動作過 電圧 kV	商用周波 回復電圧 %又はkV	回復電圧の 継続時間 s	ヒューズの 状態
1														
2														
3														

注 [a] 非限流ヒューズのみ。
   [b] 限流ヒューズのみ。

I.1.9.3 試験系列3

a) 試験条件

商用周波回復電圧（定格電圧に対する%又はkV）
固有過渡回復電圧
波高値（kV）
規約上昇率（kV/μs）
規約波高時間（μs）
力率

b) 試験結果

試験 No.	遮断電流 kA 又は A	百分率 直流分 %[a]	投入 位相角	発弧 位相角	溶断時間 サイクル, ms 又は s	アーク時間 サイクル, ms 又は s	動作時間 サイクル, ms 又は s	限流値 kA 又は A[b]	溶断 I^2t A^2s	動作 I^2t A^2s [b]	動作過 電圧 kV	商用周波 回復電圧 %又はkV	回復電圧の 継続時間 s	ヒューズの 状態
1														
2														
3														

注 [a] 非限流ヒューズのみ。
   [b] 限流ヒューズのみ。

I.2 ヒューズ試験報告書記入方法

I.2.1 一般事項

ヒューズ試験報告書記入方法は，次による。

a) この附属書に記載するヒューズ試験報告書は，形式試験に対する報告書の一例である。
b) ルーチン試験の試験報告書は，必要事項だけを形式試験報告書に準じて作成してもよい。
c) 試験報告書は，通常，ヒューズ1形式ごとに作成するが，同形ヒューズで複数の定格を同時に試験した場合は同一の試験報告書とすることが望ましい。
d) 試験結果を数量的に表せない場合には，判定によって良（又は否）と記入する。
e) 試験方法，測定方法又は算出方法などがこの規格に規定した方法と異なるときは，それを明記する。
f) 特殊使用状態で試験を行った場合は，必要項目を追加する。
g) それぞれの試験項目における試験回路図を記載し，試験法の名称など簡単な説明を行う。

I.2.2 ヒューズの定格（5.2 参照）

ヒューズの定格は，銘板に記載するものを記入する。

I.2.3 構造点検（6.4 参照）

一般構造及び断路形機構部について，検査及び測定結果を具体的に記入する。

I.2.4 開閉試験（6.6 参照）

断路形ヒューズの手動開閉試験について，検査及び測定結果を具体的に記入する。

I.2.5 温度上昇試験及びワット損試験（6.8 参照）

温度上昇試験及びワット損試験の記載は，次による。

a) 測温箇所の名称を具体的に明示し，記号又は番号を付ける。また，測温箇所を示す図面を添付することが望ましい。

b) 代表的部分の温度上昇曲線を添付することが望ましい。

I.2.6 耐電圧試験（6.7 参照）

耐電圧試験の記入は，次による。

a) 電圧印加点及び接地点を図示し，備考欄に記載する。

b) 同相主回路端子間の試験でベースを大地に対して絶縁した場合は，備考欄に図示する。

I.2.7 溶断特性試験（6.10 参照）

一般用（G），変圧器用（T），電動機用（M），リアクトルなしコンデンサ用（C）及びリアクトル付きコンデンサ用（LC）の用途により試験の種類を選択し記入する。

I.2.8 許容時間–電流特性試験（6.11 参照）

試験の種類 A，B それぞれの結果を記入する。

I.2.9 繰返し過電流試験（6.12 参照）

一般用（G），変圧器用（T），電動機用（M），リアクトルなしコンデンサ用（C）及びリアクトル付きコンデンサ用（LC）の用途により繰返し過電流の条件を選択し記入する。

I.2.10 遮断試験（6.9 参照）

遮断試験の記入は，次による。

a) 限流ヒューズ，非限流ヒューズの各試験系列の内容に従い必要な項目を選択し記入する。

b) 同形ヒューズにおいて試験を省略する場合，省略内容が分かるよう記入する。

c) ヒューズの状態の項は，遮断試験中の振動など，及び試験後接触部分などの損傷程度，機械的変形の有無などを記入する。また，特に記入の必要があると認められた事項についても記入する。

附属書 J
（参考）
限流ヒューズの遮断試験系列

一般に限流ヒューズの遮断は，
a) 定格遮断電流に近い大電流域
b) 発弧瞬時の回路インダクタンスエネルギーが大きくなって，ヒューズリンク内で発生するアークエネルギーが大きくなるような電流域
c) 溶断時間の長い小電流域

においてそれぞれ現象的に異なった過酷さがあるので，それぞれの電流域で最も過酷と考えられている遮断電流で試験検証する必要がある。

試験系列 2 は，発弧瞬時の回路インダクタンスエネルギーが大きくなって，ヒューズリンク内で発生するアークエネルギーが大きくなる条件に相当するものとして行うものである。

限流ヒューズは，溶断時間が 1/2 サイクルになる電流値の数倍の電流において，発弧瞬時の回路インダクタンスエネルギーが大きくなり，ヒューズリンク内で発生するアークエネルギーが大きくなる領域がある。しかし，その近傍では，電流の変化に対するアークエネルギーの変化は緩やかである。

また，試験系列 1 の場合よりも過渡回復電圧振動の減衰が遅く，回復電圧が最初の波高値に近づくころに再発弧が発生することがある（**附属書 D** の **D.3** 参照）。

以上のような検討の結果，**IEC 60282-1** に合わせて**表 18** 試験系列 2 に示すように規定することとした。

試験系列 3 の溶断時間の長い小電流域での遮断は，遮断電流が小さいほど過酷であるという過去の実績から，最小遮断電流による試験を規定した。

したがって，**表 17** の 3 系列の試験に合格すれば，三相回路にそのヒューズ 3 極を適用した場合，最小遮断電流から定格遮断電流まで全電流域での遮断を保証し得るものである。

なお，ヒューズエレメントの一部分に非限流ヒューズと同じ遮断方式の部分をもつ限流ヒューズでは，設計的要因により I_3 と I_2 との間の電流値に対して遮断が過酷となる場合があるので，製造業者は，この電流領域を選択し，遮断試験を行うことにした。

附属書 K
（参考）
遮断試験における商用周波回復電圧

a) 限流ヒューズの場合

　表 18 に規定した試験系列 1 及び試験系列 2 の商用周波回復電圧値は，定格電圧の三相回路に 3 極のヒューズを使用した場合の三相短絡遮断との等価性を考慮した値である。

　商用周波回復電圧が定格電圧の 100 %の三相回路に 3 極ヒューズを用いての三相短絡試験に比べて，定格電圧の 87 %の商用周波回復電圧の単相単極での試験が十分過酷側にあることは，過去の実績で知られるところである。これは，この試験系列でのヒューズの動作がいわゆる限流遮断の行われる範囲で，その動作時間が通常 0.5 サイクル以下となって，三相 3 極の短絡では，3 極のヒューズが遂次数ミリ秒の間に相次いで溶断発弧し，互いに相助けて各ヒューズの遮断責務を軽減するためである。

　試験系列 3 の試験電流域では，三相 3 極のヒューズが互いに遮断責務を助け合うほどに短時間に相次いで発弧することが期待しにくいので，試験の商用周波回復電圧を定格電圧の 100 %に規定した。

b) 非限流ヒューズの場合

　非限流ヒューズでは，発弧の不ぞろいがあるため，限流ヒューズのように商用周波回復電圧を定格電圧の 87 %とはしないで定格電圧の 100 %とした。

附属書L
（参考）
発弧瞬時電流の求め方

限流ヒューズの遮断試験の試験系列1及び試験系列2における試験においては，発弧瞬時の電流値を予測しておくことにより，計測システムの感度調整を適切に行うことができる。

ヒューズエレメントの材質にかかわらず，固有電流と目標とする発弧位相角を定めれば，**図L.1**より発弧瞬時電流の概略値を求めることができる。

なお，$I_{T/2}$は，溶断時間が1/2サイクルとなる電流値を表す。

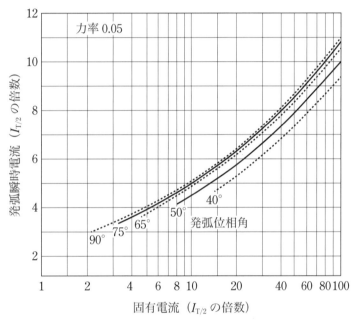

図L.1

附属書 M
（参考）
限流ヒューズの遮断試験における投入位相角と発弧位相角

　限流効果を生ずる電流域では，遮断過酷度は，電流の直流分含有率とは直接関係なく，発弧時の電圧位相によって大きく影響されるので，試験系列1では，発弧位相角を規定した。

　試験系列2では投入位相角を0～20度にとった場合，発弧位相角は90度より少し前となる。

附属書 N
（参考）
投入位相角の決定法

限流ヒューズの遮断試験の試験系列1における試験条件では，発弧位相角が規定されている。

ヒューズエレメントの材質にかかわらず，固有電流に応じて，図 N.1 より求められる位相角で投入することにより，ほぼ目標とする位相で発弧させることができる。

なお，$I_{T/2}$ は，溶断時間が1/2サイクルとなる電流値を表す。

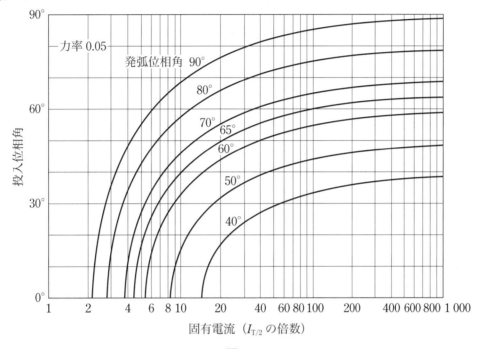

図 N.1

附属書 O

（参考）I_t 試験の有効性判定の基準

O.1 一般事項

I_t 試験を必要とするヒューズは，電流の大きさによって，異なるシリーズのエレメントが電流試験系列のほとんどを担うようなヒューズである。大電流試験（試験系列1及び試験系列2）及び小電流試験（試験系列3）が，異なるエレメントがそれぞれ遮断する電流のはざ間にある領域を網羅していない場合，遮断できない電流がないことを示すために I_t 試験を行い，試験は項目ごと又は組合せで行う。ヒューズの設計には，様々なものがあるため，そのような試験の有効性を確認できるような簡単な規則はない。この附属書は，実施された I_t 試験が実際に意図した結果を示しているかどうかを検証するための一般的な指針を示す。

O.2 遮断の動作

I_t 現象は，限流部（狭あい部）を設けた単一のエレメント，及びそれに直列する放出部（スリーブに入ったエレメント）をもつヒューズリンクによって，簡単に説明できる。大電流では，狭あい部だけが溶融及び発弧する（全狭あい部がほぼ同時に溶断する）のに対し，小電流では，放出部だけが溶融及び発弧する。そのような設計の場合，これら二つの部分の溶断特性は，小電流領域と最低一つの狭あい部が溶融及び発弧する大電流領域の中間電流の箇所で交わる。交わる箇所の電流値が，ヒューズの I_t 電流である。この I_t 電流の少し上及び少し下の二つの電流レベルでの試験によって，ヒューズリンクが小電流領域の遮断する最大電流を（大電流領域が遮断しないで）遮断し，かつ，大電流領域が遮断する最小電流を（小電流領域が遮断しないで）遮断できることになる。

したがって，大電流領域は I_t より大きい全ての電流を遮断可能であり，小電流領域は I_t より小さい全ての電流を遮断可能と仮定することは，適切である。各試験電流で関連する領域だけが発弧している場合，この規格に適合できることになる。これは，物理的検査（ヒューズリンクを開く），X線による検査，又はそれらと同等の手段によって確認できる。

上記の簡単な説明は，全てのヒューズに該当する基本的原理である。ただし，多くのヒューズの設計は，この単純な動作ではない。直列の溶断特性での交差角度が浅いために一つの I_t 値に決められず，どの電流値についてもその±20％より大きい交差範囲がある場合がある。設計によっては，溶断特性が全く交わらない場合もあり，遮断の大部分をある領域が行う場合でも，もう一つの領域が全ての電流値で溶断を行う可能性がある。多くのエレメントを並列にした設計の場合，大電流領域が溶融及び遮断動作が始まる電流値が，異なる領域の溶断特性の交点に対応する"交差"値よりかなり下になる場合がある。これは，任意の電流値において，並列のエレメントが同時ではなく，順番に発弧するためである。これらの事象全てにおいて，ヒューズ製造業者が規格に適合することを実証する電流値を決定する。また，多くの場合，製造業者が，特定の試験が望ましい結果かどうかについて判断する。これは，電流遮断を行うことだけでは，交差範囲が十分に検証されたことを示す基準にはならないからである。このため，**6.9.4** において，$1.2I_t$ 及び $0.8I_t$ が適切でない場合は，これらの値以外の試験電流値を製造業者が指定してもよい。

附属書 P
（規定）
波形の狂い率決定法

P.1 波形の狂い率の求め方
波形の狂い率を求めるには，次に示す直角座標，極座標のいずれかを用いてもよい。

P.2 直角座標からの求め方

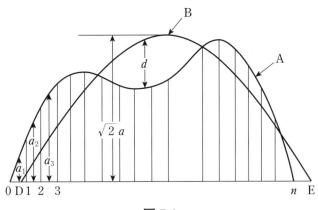

図 P.1

図 P.1 の A 曲線を半サイクルの波形とする。波形の横軸を n 等分し，その中間における波形の瞬時値を a_1, a_2, a_3, ……, a_n とすれば，A 曲線の実効値 a は，

$$a = \sqrt{\frac{a_1^2 + a_2^2 + a_3^2 + \cdots\cdots a_n^2}{n}}$$

となる。$\sqrt{2}a$ を最大値とし，半波長 DE が A 曲線の $0n$ の長さに等しい正弦波 B が等価正弦波である。A，B 両曲線の瞬時値の最大差が最小になるように合わせたとき，その最大差を d とすると，狂い率は，次のように算出される。

$$\text{波形の狂い率} = \frac{d}{\sqrt{2}a} \times 100\ \%$$

P.3 極座標からの求め方
図 P.2 を極座標で表した半サイクルの波形とする。

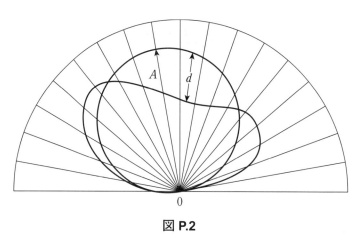

図 P.2

この図形の積を求め,

$$A = \sqrt{(\text{図形の面積}) \times \frac{4}{\pi}}$$

とすれば，A は等価正弦波の最大値となる。

A を直径とし原点 0 を通る円を描き，この円ともとの半サイクルの波形との最大差（0 を通る直線上で測る）が最小になるように重ね合わせるとき，その最大差を d とすれば，狂い率は，次のように計算される。

$$\text{波形の狂い率} = \frac{d}{A} \times 100\ \%$$

附属書 Q
（規定）
力率の決定方法

Q.1 直流分から求める方法

この方法は，力率が比較的小さいときに推奨される方法で，遮断試験回路の固有電流を記録した測定波形（図 **Q.1**）において，固有電流の直流分 i_d が次式の時間変化をとるものと見なして，その減衰時定数 T から求める。

$$i_\mathrm{d} = I_\mathrm{d} \exp\left(-\frac{t}{T}\right)$$

ここに，I_d：直流分 i_d の投入瞬時における値

このとき，

$$T = \frac{L}{R}$$

であるから，試験周波数を f とすれば，

$$\text{力率} = \frac{1}{\sqrt{1+(2\pi f\,L/R)^2}} = \frac{1}{\sqrt{1+(2\pi f\,T)^2}}$$

ここで，減衰時定数 T は，次のようにして求める。

図 **Q.1** において，固有電流波形の包絡線 AA′，及び BB′ 間の縦軸に平行な距離の 2 等分線を CC′ とすれば，CC′ は直流分 i_d を示し，その投入瞬時において縦軸との交点を C とすれば OC は直流分の投入瞬時の値 I_d である。そして，図 **Q.2** において，投入瞬時から適当な時間 t_1（$\frac{1}{2f} \sim \frac{1}{f}$ 秒程度が便利である）及び t_1 時間の 2 倍の t_2 における直流分 $i_{\mathrm{d}1}$，$i_{\mathrm{d}2}$ を求めると，

$$i_{\mathrm{d}1} = I_\mathrm{d} \exp\left(-\frac{t_1}{T}\right)$$

$$i_{\mathrm{d}2} = I_\mathrm{d} \exp\left(-\frac{2t_1}{T}\right)$$

となるから，

$$T = \frac{t_1}{\ln\left(\dfrac{i_{\mathrm{d}1}}{i_{\mathrm{d}2}}\right)}$$

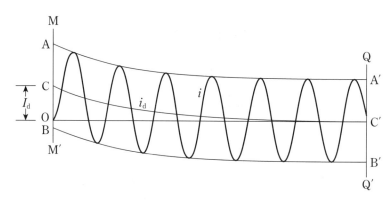

AA′, BB′ ：固有電流波形の包絡線
CC′ 　　：AA′ 及び BB′ 間の縦軸に平行な距離の 2 等分線
MM′ 　　：投入瞬時
QQ′ 　　：遮断瞬時
i 　　　：固有電流
i_d 　　：固有電流の直流分
I_d 　　：固有電流の直流分の初期値

図 Q.1

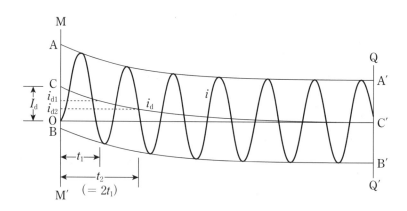

記号は，**図 Q.1** と同じ

図 Q.2

Q.2　回路定数から求める方法

この方法は，力率が比較的大きい場合に推奨される方法で，インピーダンス Z 及び抵抗 R とから，

$$力率 = \frac{R}{Z}$$

として求める。

ここで，試験回路の抵抗値 R は，直流を用いて測定する。もし，回路に変圧器が入っていれば，

$$R = R_2 + \frac{R_1}{n^2}$$

として算出する。

　　　ここに，R_2：二次側の抵抗値，R_1：一次側の抵抗値，n：変圧器の変圧比

また，インピーダンス Z は，**図 Q.3** に示すように，固有電流と遮断試験時の回復電圧を記録した測定波形から，

$$Z = \frac{E}{i} = \frac{b_1(\mathrm{V})}{A_1(\mathrm{A})}$$

として求める。

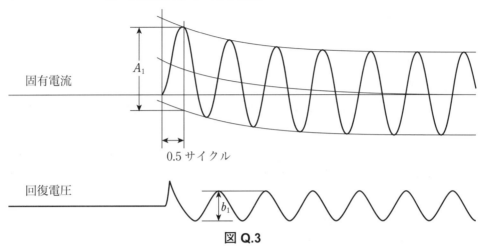

図 Q.3

Q.3 パイロット発電機による方法

試験用発電機の軸はパイロット発電機を取り付ければ，測定波形上で，パイロット発電機の電圧と試験用発電機の電圧又は電流との位相を比較して，試験用発電機の電圧と電流の位相角 θ を求めることができるので，

$$力率 = \cos\theta$$

として求められる。

附属書 R
（参考）
非限流ヒューズの遮断試験系列

一般に非限流ヒューズの遮断は，
a) 定格遮断電流に近い大電流域
b) アーク時間が長くなる電流域
c) 溶断時間の長い小電流域

においてそれぞれ現象的に異なった過酷さがあるので，それぞれの電流域で最も過酷と考えられている遮断電流で試験検証する必要がある。

試験系列2は，アーク時間が長くなる条件に相当するものとして行うもので，国内外の資料によれば，定格遮断電流の20～30％程度がこの条件に相当するものが多いので，**表21** 試験系列2に示すように規定した。

試験系列3A，試験系列3Bは，ともに小電流域の試験であるが，非限流ヒューズには，一般に消弧機構から二つの過酷な条件があるので，それらの試験を規定した。

したがって，**表20**の3系列の試験に合格すれば，三相回路にそのヒューズ3極を適用した場合，定格遮断電流以下の全電流域での遮断を保証し得るものである。

参考文献

IEC 60060-1：2010	High-voltage test techniques−Part 1：General definitions and test requirements
IEC 60282-1：2014	High-voltage fuses−Part 1：Current-limiting fuses
IEC/TR 60787：2007	Application guide for the selection of high-voltage current-limiting fuse-links for transformer circuits
IEC/TR 62655：2013	Tutorial and application guide for high-voltage fuses
IEC 62271-105：2012	High-voltage switchgear and controlgear−Part 105：Alternating current switch-fuse combinations for rated voltage above 1 kV up to and including 52 kV
JIS C 0617-4：2011	電気用図記号−第4部：基礎受動部品
JIS C 4604：2017	高圧限流ヒューズ
JEC-213-1982	インパルス電圧電流測定法
JEC-2300-2010	交流遮断器
JEC-2310：2014	交流断路器及び接地開閉器
JEC-2390：2013	開閉装置一般要求事項

JEC-2330 : 2017
電力ヒューズ
解説

この解説は，本体及び附属書に規定・記載した事柄，並びにこれらに関連した事柄を説明するもので，規格の一部ではない。

1 制定・改正の趣旨

1977 年に改訂された JEC-201-1977（電力ヒューズ）は，IEC 規格の改訂及び電気専門用語集 No.10（ヒューズ）の改訂を踏まえ，1986 年に大幅な改訂がなされ，JEC-2330-1986（電力ヒューズ）となった。その後，最新の IEC 規格（IEC 60282-1），JEC-2390（開閉装置一般要求事項）及び JEC-2300（交流遮断器）との整合の機運が高まり，この規格を改正した。

2 改正の経緯

ヒューズ標準化委員会において 2013 年 2 月から IEC 規格（IEC 60282-1）の動向などを調査し，JEC-2330-1986（電力ヒューズ）の改正作業を開始した。1986 年の改訂後 27 年が経過していたことから，電力ヒューズのユーザ，製造業者及び関連団体に規格改正への要望などをアンケートし，広くニーズを調査するとともに，国際規格の改正動向を注視しつつ改正作業を進めた。慎重審議の結果 2017 年 7 月に成案を得て，2017 年 11 月に電気規格調査会規格委員総会の承認を得て改正された，電気学会 電気規格調査会標準規格である。これによって JEC-2330-1986 は改正され，この規格に置き換えられた。

3 審議中に特に問題となった事項など

対応国際規格 IEC 60282-1 の内容を検討し，日本国内市場のニーズを考慮した上でこれを取り込んだ。なお，JEC 規格票の様式：2016 に沿って表現方法を見直した。主な議論は次のとおり。

a) JEC-2330-1986 ではヒューズの二次側に接続される負荷の特性を考慮し溶断特性及び繰返し過電流特性を規定することによって，高圧限流ヒューズを，一般用（G），変圧器用（T），電動機用（M）の 3 種類に分類している。一方，IEC 60282-1 ではヒューズが遮断可能な電流範囲により 3 種類に分類している。今回の改正に当たりこの分類について議論したが，現在，製造，使用されているヒューズとの整合性を確保すること，電力ヒューズのユーザ，製造業者及び関連団体へのアンケートにおいても要望がなかったこと等から，従来の分類を踏襲することとした。現在，コンデンサ保護にヒューズが多く使用されていることから，ヒューズの種類に C（リアクトルなしコンデンサ用），LC（リアクトル付きコンデンサ用）を追加し，5 種類とした。

b) IEC 60282-1 では油中での使用についても規定しているが，我が国において現時点では，油中でのヒューズの使用は見られないことから，これまでと同様に，この規格では気中以外で使用するヒューズを対象外とした。

c) IEC 60282-1 は限流ヒューズのみを対象とし，IEC 60282-2 では放出ヒューズを規定しているが，JEC-2330 では限流ヒューズとともに非限流ヒューズについても規定している。我が国には IEC 60282-2 に相当する規格がないことから，非限流ヒューズについてもこれまでと同様にこの規格で規定すること

とした。

d) **JEC-2310**：2014において手動操作方式の連続開閉回数は100回と規定されているが，断路形ヒューズは，断路器に比べれば実際の使用状態における操作回数が極めて少ないため，断路形ヒューズの開閉試験回数は**JEC-2330**-1986の50回を踏襲した。

4 主な改正点

主な改正点は以下のとおり。

解説表1 ― 主な改正点

箇条	題名	この規格の改正点	備考
1.1	適用範囲	新たにコンデンサ用ヒューズを適用範囲に加えるとともに，気中以外で使用するヒューズには適用しないことを明記した。	JEC-2330-1986では，コンデンサ用ヒューズは適用範囲外としていた。
3	用語の意味	項目や取り上げる用語を見直すとともに，電気専門用語集No.10に記載の用語については，その番号だけを記載した。	JEC-2390に合わせた。
4.3	（ヒューズホルダの）定格耐電圧	24〜84kVの標準値を追加し，絶縁階級を削除した。	JEC-2390の内容に統一した。
4.6	温度上昇限度	・銀又はニッケル接触及び銀又はニッケル接続の値を変更した。 ・ヒューズリンクの絶縁部分においてC種を削除，耐熱クラス200〜250を追加した。	・IEC 60282-1に合わせた。 ・JEC-2390に合わせた。
4.7.1	定格遮断電流	定格遮断電流の追加，削除，及び三相遮断容量の表記を削除した。	JEC-2390の内容に統一した。
4.8	動作過電圧限度	小定格電流（3.2A以下）のヒューズリンクの動作過電圧限度を追加した。	IEC 60282-1に考え方を合わせた。
4.9	固有過渡回復電圧	限流ヒューズの試験系列1の試験回路の過渡回復電圧標準値は，72kV及び84kVの波高値及び規約波高時間を変更した。	JEC-2300の過渡回復電圧標準値（T100S）と同じ値を採用していたが，JEC-2300の改正により変更した。
4.9	固有過渡回復電圧	限流ヒューズの試験系列2の試験回路の過渡回復電圧標準値は，規約上昇率及び規約波高時間の記載方法を変更したが，内容に変更はない。	IEC 60282-1の表現に合わせた。
4.10.1	溶断特性	C（リアクトルなしコンデンサ用）及びLC（リアクトル付きコンデンサ用）の特性を追加した。	ヒューズの種類にC及びLCを追加した。
4.11	繰返し過電流特性	C及びLCの特性を追加した。	ヒューズの種類にC及びLCを追加した。
5.2	表示事項	絶縁階級を商用周波耐電圧に変更，規格番号及びヒューズホルダの定格遮断電流を削除した。	IEC 60282-1及びJIS C 4604に考え方を合わせた。
6.2	形式試験一覧	試験順序を削除した。	IEC 60282-1の考えに合わせた。
6.5	抵抗測定	直流電圧降下法での測定時の電流値（定格電流の10%を超えない電流）を追加した。また，測定時の周囲温度を記録することとした。	IEC 60282-1に合わせた。
6.7.5	商用周波耐電圧試験	商用周波耐電圧試験の試験周波数を45〜65Hzとした。	IEC 60060-1及びJEC-2390に合わせた。
6.8.1.2	機器の配置	温度上昇試験の試験周波数を45〜65Hzとした。	JEC-2390に合わせた。

6.9	遮断試験	項目の追加，順番を見直した。また，I_t 試験（クロスオーバ電流を表すヒューズリンクの場合）を追加した。	順番を IEC 60282-1 に合わせた。
6.9.1	供試品の状態	試験時の供試品の配置は実際の使用状態に近い状態とするが，使用状態が不明の場合の供試品の配置を図に記載した。	IEC 60282-1 の考えに合わせた。
6.9.3	限流ヒューズの遮断試験　注記 1	試験系列 3 切換え試験法について，低電圧で通電した後溶断前に高電圧の回路に切換え時のヒューズの状態について記載した。	IEC 60282-1 の内容を追加した。
6.9.3	限流ヒューズの遮断試験　注記 2	消弧材に有機絶縁材料を使用している場合の回復電圧継続時間（5 分間を下回らない）を追加した。	IEC 60282-1 の内容を追加した。
6.9.4	I_t 試験（クロスオーバ電流を表すヒューズリンクの場合）	クロスオーバ電流を表すヒューズリンクの試験に対応できるように IEC 60282-1 の内容を追加した。	JEC-2330-1986 では，規定していなかった。
6.9.5	遮断試験回路及び測定方法	図記号を JIS C 0617-4（電気用図記号）に合わせた。測定用オシログラフ素子を測定装置に変更した。	図記号を JIS C 0617-4（電気用図記号）に合わせた。
6.9.5	b) 試験回路の固有過渡回復電圧	表に示した試験回路の固有過渡回復電圧の値を標準値とした。	標準値になるべく近いことが望ましいとしていたが，IEC 60282-1 に合わせ，試験条件の一定化の観点から標準値として規定した。
6.9.5	図 8−遮断試験（試験系列 1）の固有遮断電流と回復電圧	固有遮断電流算出場所，溶断時間が 0.5 サイクル以下の場合とそれを超える場合に分けて分かりやすくした。用語の定義を変更したことから商用周波回復電圧とした。	
6.9.5	図 9−遮断試験（試験系列 3）の固有遮断電流と回復電圧	用語の定義を変更したことから商用周波回復電圧とした。	
6.9.5	f) 力率	用語の定義を変更した。	
6.9.8	種類 C ヒューズ組合せ遮断試験	種類 C ヒューズを追加したことから遮断試験として，試験系列 4 及び 5 を規定し，試験回路及び試験条件を記載した。	JEC-2330-1986 では，コンデンサ保護用ヒューズは対象外としていたため規定していなかった。
6.10.1.1	周囲温度	周囲温度に下限値を導入し，15 〜 40℃とした。	IEC 60282-1 に合わせた。
6.10.2.2	試験電流及び試験回数	C 及び LC の特性を追加した。	ヒューズの種類に C 及び LC を追加した。
6.10.2.3	電流の測定	オシログラフを，適切な周波数応答特性をもった計測システムとした。	表現を見直した。
6.10.2.4	時間の決定	適切な周波数応答特性をもった計測システムという表現を使用した。 溶断時間が実時間かバーチャル時間か明示する規定を追加した。	表現を見直した。
6.13	EMC（電磁両立性）	IEC 60282-1 に合わせて追加した。	追加した。
7	ルーチン試験	旧規格の受入試験の内容を 7.6 を除き，ルーチン試験として規定した。	表現を見直した。
8	参考試験	IEC 60282-1 に規定される特殊試験から，熱衝撃試験及び防水試験を参考試験として追加した。	JEC-2330-1986 では，記載していなかった。

附属書A	(参考) 適用指針	コンデンサ用ヒューズを適用範囲に加えたことへ対応するとともに，IEC 60282-1の適用指針に関する内容の一部を追加し附属書（参考）とした。	JEC-2330-1986では，参考として記載していた。
附属書D	(参考) ヒューズと回路の固有過渡回復電圧	改正されたJEC-2300及びIEC 60282-1に合わせ見直した。	JEC-2330-1986では，参考として記載していた。
附属書E	(参考) 溶断特性のバーチャル時間表示	規約時間をバーチャル時間に変更した。	JEC-2330-1986では，参考として記載していた。表現を見直した。
附属書I	(参考) ヒューズ試験報告書	ヒューズ試験報告書例を記載した。	JEC-2330-1986では，各試験項目にそれぞれ試験結果の表示項目だけを記載していたが，報告書記載例はなかった。
附属書O	(参考) I_t試験の有効性判定の基準	I_t試験を追加したことから，IEC 60282-1に考え方を合わせ追加した。	JEC-2330-1986では，I_t試験は規定していなかった。
附属書Q	(規定) 力率の決定方法	短絡力率を力率に変更した。	用語を見直した。

5 IEC 60282-1との主な相違点

この規格とIEC 60282-1との主な相違点を解説表2に示す。

解説表2 — この規格とIEC 60282-1との主な相違点

No	この規格			IEC 60282-1			解説
	章	項	内容	章	項	内容	
1	1	1	対象は，公称電圧3.3 kV以上の電力ヒューズ。	1	1	対象は，定格電圧1 kVを超える高圧限流ヒューズ。	この規格では，非限流ヒューズも対象としている。
2	1	1	気中で使用されるもののみを対象としている。	7	7	油中で使用されるものも対象としている。	国内の実情を勘案し，この規格では，油中での使用を対象外とした。
3	2	1	常規使用状態と見なされる周囲温度は，−20～+40℃。	2	1	標準使用状態と見なされる周囲温度は，−25～+40℃。	JEC-2330-1986を踏襲した。
4	2	1	常規使用状態を定義する事項として，湿度，風圧，太陽ふく射に関しては含めず。	2	1	標準使用状態を定義する事項として，湿度，風圧，太陽ふく射に関する定量的な指針，基準がある。	JEC-2330-1986を踏襲した。
5	4	1 b)	ヒューズリンクの定格として，定格最小遮断電流を，規定しない。	4	1 b)	ヒューズリンクの定格として，定格最小遮断電流を，規定している。	JEC-2330-1986を踏襲した。
6	4	1 d)	ヒューズリンクの特性として，次を規定している。動作過電圧限度，時間–電流特性，限流特性，最小溶断I^2t，最大動作I^2t，最小遮断電流，繰返し過電流特性	4	1 d)	ヒューズリンクの特性として，次を規定している。動作過電圧限度，時間–電流特性，クラス，限流特性，I^2t特性，最小遮断電流	JEC-2330-1986を踏襲した。

No	この規格			IEC 60282-1			解説
	章	項	内容	章	項	内容	
7	4	2	3.6〜84 kV までの7定格電圧を，規定している。	4	2	シリーズ I として3.6〜72.5 kV までの9定格電圧を，シリーズ II として 2.75〜72.5 kV までの9定格電圧を，規定している。	JEC-2330-1986 を踏襲した。
8	4	3	定格耐電圧は表2及び表3のとおり規定している。	4	3	この規格とは分類の仕方及び規定値が異なる。	JEC-2390 に合わせて見直し，同一にした。
9	4	5	定格電流はヒューズホルダ・ヒューズリンク共通で表4又は表5のとおり規定している。	4	5 6	定格電流はヒューズホルダ・ヒューズリンクを別々で規定している。	JEC-2330-1986 を踏襲した。
10	4	6	温度上昇限度は表6のとおり。	4	7	温度上昇限度のこの規格との相違点は次のとおり。 ・油中接触，油，油分を含む接触を規定している。 ・耐熱クラスAの最高許容温度は100℃，温度上昇限度は60 K と規定している。 ・絶縁材料としてエナメルを規定している。 ・耐熱クラス 200, 220, 250 は規定していない。	ヒューズリンクの絶縁部分は JEC-2390 に合わせた。
11	4	7.1	定格遮断電流は表7のとおり，定格電圧ごとに規定している。	4	8.1	定格電圧にかかわらず R10 数列より定格遮断電流を選択する。	JEC-2390 に合わせて見直し，同一にした。
12	4	9	固有過渡回復電圧 過渡回復電圧は定格値とはせず（固有過渡回復電圧と表現），標準値として規定している。	4	10	定格過渡回復電圧 過渡回復電圧は定格値とし（定格過渡回復電圧と表現），上限を規定している。	考え方は附属書 D を参照。
13	4	10	時間−電流特性の表示用紙として，両対数目盛の大きさ，用紙の大きさを，規定していない。	4	11	時間−電流特性の表示用紙として，両対数目盛の大きさ，用紙の大きさを，規定している。	JEC-2330-1986 を踏襲した。
14	4	10.1	溶断特性 ・ヒューズの種類として G, T, M, C 及び LC を規定，ヒューズの種類別に溶断特性を，規定している。 ・溶断特性は平均値で表し，そのばらつきは電流座標で±20 % を超えない。	4	11	時間−電流特性 ・種類別の溶断特性は，規定していない。 ・溶断電流は平均値又は最小値で表し，平均値の場合±20 %，最小値で表示の場合 +50 % を超えない。	JEC-2330-1986 を踏襲した。
15	4	10.2	動作特性を，規定している。	−	−	規定していない。	JEC-2330-1986 を踏襲した。
16	4	10.3	許容時間−電流特性を，規定している。	−	−	規定していない。	JEC-2330-1986 を踏襲した。

No	この規格			IEC 60282-1			解 説
	章	項	内　容	章	項	内　容	
17	4	11	繰返し過電流特性を，規定している。	−	−	規定していない。	JEC-2330-1986を踏襲し，更に，C及びLCを追加した。
18	4	13	限流特性は両対数方眼紙を用いて表示する。	4	12	限流特性の表示様式について，規定はしていない。	JEC-2330-1986を踏襲した。
19	−	−	規定していない。	4	14	ストライカの機械的特性を，規定している。	対象外のため，規定しなかった。
20	−	−	規定していない。	4	15	開閉器とヒューズとの組合せ用バックアップヒューズの特別要件を，規定している。	対象外のため，規定しなかった。
21	5	1.3	規定していない。	5	1.3	標準動作条件において，粉末物質を充填したヒューズリンクに関する条件及びストライカに関する条件を，規定している。	対象外のため，規定しなかった。
22	5	2 a)	ヒューズホルダの表示として，名称，形式，屋内及び屋外用の別，定格電圧，商用周波耐電圧値，定格電流，製造年，製造業者名又はその略号を，規定している。	5	2 a)	ヒューズホルダの表示として，定格電圧，定格電流，製造業者名又はその略号を，規定している。	IEC 60282-1の内容に加えJEC-2330-1986を踏襲し，一部を見直した。
23	5	2 b)	ヒューズリンクの表示として，形式，定格電圧，種類を示す記号，定格電流，定格遮断電流，製造年又はその略号，製造業者名又はその略号を，規定している。	5	2 b)	ヒューズリンクの表示として，形式，定格電圧，クラス，定格電流，定格遮断電流，定格最小遮断電流，最大適用温度，ストライカのタイプ，ストライカの場所，製造業者名又はその略号を，規定している。	JEC-2330-1986を踏襲した。
24	6	1	試験実施条件としてストライカに関しては，規定していない。	6	1	試験実施条件として，ストライカを装備するヒューズリンクで実施する試験は，ストライカなしのヒューズリンクにも有効とすると，規定している。	対象外のため，規定しなかった。
25	6	2	形式試験には，許容時間−電流特性試験，繰返し過電流試験を規定している。また，ストライカ試験を，規定していない。	6	2	形式試験には，ストライカ試験を規定している。また，許容時間−電流特性試験，繰返し過電流試験を，規定していない。	JEC-2330-1986を踏襲した。
26	6	4	構造点検を，規定している。	−	−	規定していない。	JEC-2330-1986を踏襲した。
27	6	8.1.2	温度上昇試験の試験周波数を45〜65 Hzとする。	6	5.1.2	温度上昇試験の試験周波数を48〜62 Hzとする。	JEC-2390に合わせて見直し，同一にした。
28	6	8.2.2	温度上昇試験の周囲温度は40℃以下とする。	6	5.2.2	温度上昇試験の周囲温度は10〜40℃とする。	JEC-2330-1986を踏襲し，かつJEC-2390と整合させた。

No	この規格			IEC 60282-1			解説
	章	項	内容	章	項	内容	
29	6	9.1	供試品の状態として実際の使用状態に近い据付状態で試験するとし，実際の使用状態が分からない場合の配置を示している（図6）。気中での使用のみを，規定している。	6	6.1.5	装置の配置として気中と油中での使用を，規定している。	配置については IEC 60282-1 の考え方を追加し，油中の使用については対象外のため，規定しなかった。
30	6	9.3	遮断試験条件として， ・試験系列3の試験回数を3回と，規定している。 ・商用周波回復電圧及び固有電流に許容範囲の上限又は下限を，規定している。	6	6.1.1	遮断試験条件として， ・試験系列3の試験回数を2回と，規定している。 ・商用周波回復電圧及び固有電流に許容範囲の上限及び下限を，規定している。	JEC-2330-1986 を踏襲した。
31	6	9.5	試験系列1及び2の固有遮断電流は，遮断試験における供試ヒューズの発弧瞬時に相当する時点の固有電流の値を固有遮断電流とする。ただし，発弧時点が，短絡開始より0.5サイクル以内のときは，短絡開始後0.5サイクルの点における値とする。	6	6.2.3	試験系列1及び2の固有遮断電流は固有電流の短絡後0.5サイクルでの値としている。	JEC-2330-1986 を踏襲した。
32	6	9.6	ヒューズエレメントの長さが異なる場合，同形ヒューズリンクとして，認めていない。	6	6.6	ヒューズエレメントの長さが異なる場合，同形ヒューズリンクと見なす条件を，規定している。	JEC-2330-1986 を踏襲した。
33	6	9.7	非限流ヒューズの遮断試験を，規定している。	–	–	非限流ヒューズについては，規定していない。	JEC-2330-1986 を踏襲した。
34	6	9.8	種類Cヒューズの組合せ遮断試験を，規定している。	–	–	ヒューズの分類方法が異なるため，規定していない。	コンデンサ保護にヒューズが多く使用されていることから新たに規定した。
35	6	10.1.1	溶断特性試験の周囲温度は，15～40℃のいずれかとする。	6	7.1.1	時間-電流試験の周囲温度は，15～30℃のいずれかとする。	上限値は JEC-2330-1986 を踏襲し，下限値は IEC 60282-1 の値を取り入れた。
36	6	10.2.2	試験電流をヒューズの種類（G, T, M, C 及び LC）ごとに，規定している。	6	7.2.2	試験電流をヒューズの種類（バックアップヒューズ，ジェネラルパーパスヒューズ及びフルレンジヒューズ）ごとに，規定している。	JEC-2330-1986 を踏襲し，C 及び LC を追加した。
37	6	11	許容時間-電流特性試験を，規定している。	–	–	規定していない。	JEC-2330-1986 を踏襲した。
38	6	12	繰返し過電流試験を，規定している。	–	–	規定していない。	JEC-2330-1986 を踏襲した。

85
JEC-2330：2017 解説

No	この規格			IEC 60282-1			解　説
	章	項	内　容	章	項	内　容	
39	−	−	規定していない。	6	8	ストライカ試験を，規定している。	対象外のため，規定しなかった。
40	7	−	ルーチン試験の詳細項目を，規定している。	8	−	ルーチン試験の詳細項目は，規定していない。	JEC-2330-1986の受入試験を踏襲した。
41	8	−	参考試験	7	−	特殊試験	IEC 60282-1の特殊試験の一部を参考試験として規定した。
42	8	2	試験項目として，次の各項を規定している。 ・ 熱衝撃試験 ・ 屋外で使用されるよう意図されたヒューズの防水試験	7	2	試験項目として，次の各項を規定している。 ・ 熱衝撃試験 ・ 容器内で使用されるよう意図されていないヒューズに対するワット損試験 ・ 屋外で使用されるよう意図されたヒューズの防水試験 ・ コンビネーションスイッチに使用されるバックアップ用ヒューズの溶断前の温度上昇試験 ・ コンビネーションスイッチに使用されるバックアップ用ヒューズのアーク期間中の耐試験 ・ 油に対する密閉試験	IEC 60282-1に規定される特殊試験のうち，熱衝撃試験と防水試験をこの規格に取り入れた。
43	附属書A	−	従来より国内で行われてきたヒューズの選定方法を中心に，記載した。	9	−	選定方法については，IEC/TR 62655の箇条5を参照する規定となっている。	JEC-2330-1986を踏襲し，IEC 60282-1の考え方を一部取り入れた。
44	附属書B	−	標高に対する定格電圧の補正係数は，規定していない。	2	2.1 b)	標高に対する定格電圧の補正係数を，規定している。	JEC-2330-1986を踏襲した。
45	附属書D	−	固有過渡回復電圧として内容を，解説した。	附属書B	−	定格過渡回復電圧として内容を，解説している。	JEC-2330-1986を踏襲し，一部見直した。
46	附属書E	−	溶断特性のバーチャル時間表示を，附属書（参考）とした。	−	−	規定していない。	JEC-2330-1986を踏襲した。
47	附属書F	−	許容時間−電流特性を，附属書（参考）とした。	−	−	規定していない。	JEC-2330-1986を踏襲した。
48	附属書G	−	繰返し過電流特性を，附属書（参考）とした。	−	−	規定していない。	JEC-2330-1986を踏襲した。
49	附属書H	−	I^2tの求め方を附属書（参考）とした。	−	−	規定していない。	JEC-2330-1986を踏襲した
50	附属書I	−	ヒューズ試験報告書を，附属書（参考）とした。	−	−	規定していない。	附属書として新たに追加した。

No	この規格			IEC 60282-1			解　説
	章	項	内　容	章	項	内　容	
51	附属書J	–	限流ヒューズの遮断試験系列を，附属書（参考）とした。	–	–	規定していない。	JEC-2330-1986を踏襲した。
52	附属書K	–	遮断試験における商用周波回復電圧を，附属書（参考）とした。	–	–	規定していない。	JEC-2330-1986を踏襲した。
53	附属書L	–	発弧瞬時電流の求め方を，附属書（参考）とした。	–	–	規定していない。	JEC-2330-1986を踏襲した。
54	附属書M	–	限流ヒューズの遮断試験における投入位相角と発弧位相角を，附属書（参考）とした。	–	–	規定していない。	JEC-2330-1986を踏襲した。
55	附属書N	–	投入位相角の決定法を，附属書（参考）とした。	–	–	規定していない。	JEC-2330-1986を踏襲した。
56	附属書P	–	波形の狂い率決定法を，附属書（規定）とした。	–	–	規定していない。	JEC-2330-1986を踏襲した。
57	附属書Q	–	力率の決定方法を，附属書（規定）とした。	–	–	規定していない。	JEC-2330-1986を踏襲した。
58	附属書R	–	非限流ヒューズの遮断試験系列を，附属書（参考）とした。	–	–	規定していない。	JEC-2330-1986を踏襲した。
59	–	–	規定していない。	附属書C	–	開閉装置用油密性ヒューズの温度上昇試験に関する推奨配置を，附属書（参考）としている。	油中での使用は対象外のため，規定しなかった。
60	–	–	規定していない。	附属書D	–	既存の各国規格で規定する限流ヒューズの形状及び寸法を，附属書（参考）としている。	国内ではIEC 60282-1に規定された寸法のヒューズリンクは存在しないため，規定しなかった。
61	–	–	規定していない。	附属書E	–	40℃を超える周囲温度で使用するための特定タイプのヒューズリンクに関する要求事項を，附属書としている。	40℃を超える周囲温度は対象外のため，規定しなかった。
62	–	–	規定していない。	附属書F	–	限流ヒューズの温度による定格電流低減方法についてIEC/TR 62655を，参照している。	40℃を超える周囲温度は対象外のため，規定しなかった。

6　標準化委員会名及び名簿

委員会名：ヒューズ標準化委員会

委　員　長	合田　豊	（電力中央研究所）		委　　員	佐藤　崇	（日立産機システム）
幹　　事	常峰　孝司	（東洋電機）		同	佐藤　政博	（電気安全環境研究所）
同	松﨑　裕一	（エス・オー・シー）		同	鈴木　茂男	（宇都宮電機製作所）
委　　員	青野　文泰	（東京電力パワーグリッド）		同	山納　康	（埼玉大学）
同	乙部　清文	（東芝産業機器システム）		幹事補佐	田中　慎一	（電力中央研究所）
同	菊地　征範	（富士電機機器制御）		途中退任委員	井上　考介	（東京電力）

| 途中退任委員 | 佐藤　実 | （富士電機機器制御） | 途中退任委員 | 宮田　真人 | （東京電力） |
| 同 | 橋本　勉 | （エナジーサポート） | | | |

7　部会名及び名簿

部会名：電気機器部会

部 会 長	塩原　亮一	（日立製作所）	委　　員	澤　孝一郎	（日本工業大学）
幹　　事	榊　正幸	（明電舎）	同	杉山　修一	（富士電機）
同	宮本　剛寿	（東芝エネルギーシステムズ）	同	中山　悦郎	（横河メータ&インスツルメンツ）
委　　員	石崎　義弘	（芝浦工業大学）	同	濱　義二	（日本電機工業会）
同	小野　浩史	（三菱電機）	同	松村　年郎	（愛知工業大学）
同	上村　望	（明電舎）	同	村岡　隆	（大阪工業大学）
同	河村　達雄	（東京大学）	同	山田　慎	（東芝エネルギーシステムズ）
同	久保　公人	（東日本旅客鉄道）	同	山本　直幸	（日立製作所）
同	合田　豊	（電力中央研究所）	同	吉野　輝雄	（東芝三菱電機産業システム）
同	河本　康太郎	（マルトキ）	幹事補佐	高濱　朗	（日立製作所）
同	小林　隆幸	（東京電力パワーグリッド）	同	長　輝通	（明電舎）
同	相良　秀晃	（電源開発）			

8　電気規格調査会名簿

会　　長	大木　義路	（早稲田大学）	理　　事	福井　伸太	（電気学会副会長 研究調査担当）
副 会 長	塩原　亮一	（日立製作所）	同	大熊　康浩	（電気学会研究調査理事）
同	八島　政史	（東北大学）	同	酒井　祐之	（電気学会専務理事）
理　　事	石井　登	（古河電気工業）	2号委員	斎藤　浩海	（東北大学）
同	伊藤　和雄	（電源開発）	同	塩野　光弘	（日本大学）
同	大田　貴之	（関西電力）	同	井相田　益弘	（国土交通省）
同	大髙　晋子	（明電舎）	同	大和田野　芳郎	（産業技術総合研究所）
同	勝山　実	（シーエスデー）	同	髙橋　紹大	（電力中央研究所）
同	金子　英治	（琉球大学）	同	堀坂　和秀	（経済産業省）
同	清水　敏久	（首都大学東京）	同	中村　満	（北海道電力）
同	八坂　保弘	（日立製作所）	同	春浪　隆夫	（東北電力）
同	田中　一彦	（日本電機工業会）	同	坂上　泰久	（中部電力）
同	西林　寿治	（電源開発）	同	棚田　一也	（北陸電力）
同	藤井　治	（日本ガイシ）	同	水津　卓也	（中国電力）
同	牧　光一	（東京電力パワーグリッド）	同	高畑　浩二	（四国電力）
同	三木　一郎	（明治大学）	同	岡松　宏治	（九州電力）
同	八木　裕治郎	（富士電機）	同	市村　泰規	（日本原子力発電）
同	髙木　喜久雄	（東芝エネルギーシステムズ）	同	畑中　一浩	（東京地下鉄）
同	山野　芳昭	（千葉大学）	同	山本　康裕	（東日本旅客鉄道）
同	山本　俊二	（三菱電機）	同	青柳　雅人	（日新電機）
同	吉野　輝雄	（東芝三菱電機産業システム）	同	出野　市郎	（日本電設工業）

2号委員	小黒	龍一	(ニッキ)	3号委員	合田 豊	(ヒューズ)
同	小林	武則	(東芝)	同	村岡 隆	(電力用コンデンサ)
同	佐伯	憲一	(新日鐵住金)	同	石崎 義弘	(避雷器)
同	豊田	充	(東芝)	同	清水 敏久	(パワーエレクトロニクス)
同	松村	基史	(富士電機)	同	廣瀬 圭一	(安定化電源)
同	森本	進也	(安川電機)	同	田辺 茂	(送配電用パワーエレクトロニクス)
同	吉田	学	(フジクラ)	同	千葉 明	(可変速駆動システム)
同	荒川	嘉孝	(日本電気協会)	同	森 治義	(無停電電源システム)
同	内橋	聖明	(日本照明工業会)	同	西林 寿治	(水車)
同	加曽利	久夫	(日本電気計器検定所)	同	永田 修一	(海洋エネルギー変換器)
同	五来	高志	(日本電線工業会)	同	日髙 邦彦	(UHV国際，絶縁協調)
同	島村	正彦	(日本電気計測器工業会)	同	横山 明彦	(標準電圧,電力流通設備のアセットマネジメント)
3号委員	小野	靖	(電気専門用語)	同	坂本 雄吉	(架空送電線路)
同	手塚	政俊	(電力量計)	同	高須 和彦	(がいし)
同	佐藤	賢	(計器用変成器)	同	岡部 成光	(高電圧試験方法)
同	伊藤	和雄	(電力用通信)	同	腰塚 正	(短絡電流)
同	中山	淳	(計測安全)	同	本橋 準	(活線作業用工具・設備)
同	山田	達司	(電磁計測)	同	境 武久	(高電圧直流送電システム)
同	前田	隆文	(保護リレー装置)	同	山野 芳昭	(電気材料)
同	合田	忠弘	(スマートグリッドユーザインタフェース)	同	石井 登	(電線・ケーブル)
同	澤	孝一郎	(回転機)	同	渋谷 昇	(電磁両立性)
同	山田	慎	(電力用変圧器)	同	多氣 昌生	(人体ばく露に関する電界,磁界及び電磁界の評価方法)
同	松村	年郎	(開閉装置)	同	八坂 保弘	(電気エネルギー貯蔵システム)
同	河本	康太郎	(産業用電気加熱)			

Ⓒ電気学会 電気規格調査会 2018

電気学会 電気規格調査会標準規格

JEC-2330：2017
電力ヒューズ

2018年6月15日　第1版第1刷発行

編　　者　電気学会 電気規格調査会
発 行 者　田　中　久　喜

発 行 所
株式会社　電　気　書　院
ホームページ　www.denkishoin.co.jp
（振替口座　00190-5-18837）
〒101-0051　東京都千代田区神田神保町1-3 ミヤタビル2F
電話（03）5259-9160／FAX（03）5259-9162

印刷　株式会社 TOP印刷
Printed in Japan／ISBN978-4-485-98994-4